U0291579

职业教育通识课系列教材

中外建筑史

HISTORY OF CHINESE AND FOREIGN ARCHITECTURE

何　奇　主编
蔡　红　主审

中国建筑工业出版社

图书在版编目（CIP）数据

中外建筑史 = HISTORY OF CHINESE AND FOREIGN
ARCHITECTURE / 何奇主编 . —北京：中国建筑工业出
版社，2023.11
职业教育通识课系列教材
ISBN 978-7-112-29286-8

Ⅰ . ①中… Ⅱ . ①何… Ⅲ . ①建筑史—世界—高等职
业教育—教材 Ⅳ . ① TU-091

中国国家版本馆 CIP 数据核字（2023）第 190029 号

本书依据高等职业教育对技能人才培养要求，梳理建筑历史中蕴含的家国情怀、文化传承、匠心技艺、创新创造等优秀内容，开阔学生文化视野、增强文化自信、培养建筑审美情趣，提高人文修养。内容涵盖中外建筑发展脉络、风格特征及经典建筑分析等内容。

本书可作为高职建筑设计、城乡规划、建筑室内设计及古建筑工程技术等专业的教学用书，亦可作为建筑学、建筑环境设计等专业参考用书。

为更好地支持相应课程的教学，我们向采用本书作为教材的教师提供教学课件，有需要者可与出版社联系，邮箱：47364196@qq.com，电话：（010）58337170，建工书院：http：//edu.cabplink.com。

责任编辑：毕凤鸣
责任校对：党　蕾
校对整理：董　楠

职业教育通识课系列教材
中外建筑史
HISTORY OF CHINESE AND FOREIGN ARCHITECTURE
何　奇　主编
蔡　红　主审
*
中国建筑工业出版社出版、发行（北京海淀三里河路 9 号）
各地新华书店、建筑书店经销
北京雅盈中佳图文设计公司制版
临西县阅读时光印刷有限公司印刷
*
开本：787 毫米 ×1092 毫米　1/16　印张：14　字数：187 千字
2023 年 11 月第一版　2023 年 11 月第一次印刷
定价：**98.00** 元（赠教师课件、含数字资源）
ISBN 978-7-112-29286-8
　　（41967）

本书编委会

主编：何　奇

参编：宫广娟　仇务东　秦伶俐　纪　婕

　　　郭秋生　刘文华　平若媛　乌日嘎

　　　卢梦潇　王志宇　王　巍

前　言

　　作家、音乐家、建筑师曾从不同角度解读建筑，认为建筑是"石头的史书""凝固的音乐""起源于把两块砖仔细地拼合在一起"，建筑亦是我们了解不同历史时期、不同地域环境下经济、政治、文化、社会发展的重要资料。中国古代以木构建筑为主，西方以砖石建筑为主；同为住宅，中国北方有四合院，云南有"一颗印"，内蒙古有"毡包"，陕西有"窑洞"，这都反映了不同气候、地形地貌、风俗及文化观念下建筑的地域特色。当然不同地域间建筑文化也会相互影响，印度的佛教建筑沿古丝绸之路传入东南亚国家；中国古代城市规划理论、园林艺术及木构技艺也影响到日本、朝鲜、英国等国家，为丰富世界文化作出了突出贡献。对中外建筑历史的系统学习既是深刻了解过去，更是吸收优秀传统文化进行传承创新的基础。

　　本书基于高职建筑类专业教学特点及要求，编写中突出以下特点：

　　一是注重职业性，结合职业教育特点，提炼中外建筑历史中不同时期、不同地域中优秀建筑历史文化要点，启发学生将优秀的建筑文化融入未来职业生涯，增强创新意识。

　　二是注重思想性，教材落实"立德树人"的根本任务，结合时代发展中的新变化，章节中自然融入家国情怀、文化传承、匠心技艺、创新创造、人本精神等内容，让学生将优秀文化和价值观内化于心。

　　三是注重立体性，教材配以手绘建筑、微课视频、彩色图像、多媒体课件等资源，可以全方位、立体展现，方便自学及教学。书中原创建筑手绘视频，也可供手绘爱好者交流学习。

　　本书由北京财贸职业学院何奇担任主编；北京财贸职业学院郭秋生、刘文华、平若媛、秦伶俐、宫广娟、纪婕、仇务东、王巍、王志宇、卢梦潇以及北京诚栋国际营地集成房屋股份有限公司乌日嘎参与编写；北京联合大学蔡红教授担任主审。具体分工如下：第1讲由郭秋生、刘文华、平若媛编写，第2、第3讲由宫广娟编写，第6、第7讲由仇务东编写，第8讲由秦伶俐编写，第9讲由纪婕编写，第18讲由王志宇、卢梦潇、王巍编写，第19讲由乌日嘎编写，其余11讲内容由何奇编写。

在本书编写过程中得到北京财贸职业学院的大力支持，在此表示衷心感谢！同时感谢中国建筑工业出版社的领导和编辑的辛苦付出！本书亦参考了相关文献资料，在此对相关作者表示衷心的感谢！

由于时间紧，编者水平有限，本书难免存在不足和疏漏之处，请读者批评指正。

编者

2023 年 8 月

目 录

第一篇　中国建筑 ⋯⋯⋯⋯⋯⋯⋯⋯⋯⋯⋯⋯⋯⋯⋯⋯⋯⋯⋯⋯⋯⋯⋯⋯⋯⋯ 001

第1讲　中国古代建筑发展概况及特征 ⋯⋯⋯⋯⋯⋯⋯⋯⋯⋯⋯⋯ 002

第2讲　古代城市 ⋯⋯⋯⋯⋯⋯⋯⋯⋯⋯⋯⋯⋯⋯⋯⋯⋯⋯⋯⋯⋯⋯⋯⋯⋯ 013

第3讲　宫殿建筑 ⋯⋯⋯⋯⋯⋯⋯⋯⋯⋯⋯⋯⋯⋯⋯⋯⋯⋯⋯⋯⋯⋯⋯⋯⋯ 025

第4讲　坛庙建筑 ⋯⋯⋯⋯⋯⋯⋯⋯⋯⋯⋯⋯⋯⋯⋯⋯⋯⋯⋯⋯⋯⋯⋯⋯⋯ 034

第5讲　陵墓建筑 ⋯⋯⋯⋯⋯⋯⋯⋯⋯⋯⋯⋯⋯⋯⋯⋯⋯⋯⋯⋯⋯⋯⋯⋯⋯ 043

第6讲　宗教建筑 ⋯⋯⋯⋯⋯⋯⋯⋯⋯⋯⋯⋯⋯⋯⋯⋯⋯⋯⋯⋯⋯⋯⋯⋯⋯ 052

第7讲　园林建筑 ⋯⋯⋯⋯⋯⋯⋯⋯⋯⋯⋯⋯⋯⋯⋯⋯⋯⋯⋯⋯⋯⋯⋯⋯⋯ 062

第8讲　住宅与聚落 ⋯⋯⋯⋯⋯⋯⋯⋯⋯⋯⋯⋯⋯⋯⋯⋯⋯⋯⋯⋯⋯⋯⋯ 073

第9讲　著述及营造技术 ⋯⋯⋯⋯⋯⋯⋯⋯⋯⋯⋯⋯⋯⋯⋯⋯⋯⋯⋯⋯ 082

第10讲　近代中国建筑 ⋯⋯⋯⋯⋯⋯⋯⋯⋯⋯⋯⋯⋯⋯⋯⋯⋯⋯⋯⋯⋯ 091

第二篇　外国建筑 ……………………………………………………… 103

　　第 11 讲　古埃及建筑 ……………………………………………… 104

　　第 12 讲　古希腊建筑 ……………………………………………… 114

　　第 13 讲　古罗马建筑 ……………………………………………… 126

　　第 14 讲　拜占庭建筑 ……………………………………………… 139

　　第 15 讲　西欧中世纪建筑 ………………………………………… 147

　　第 16 讲　意大利文艺复兴建筑 …………………………………… 157

　　第 17 讲　法国古典主义建筑 ……………………………………… 169

　　第 18 讲　欧美复古思潮及新形式建筑探索 ……………………… 178

　　第 19 讲　欧美新建筑运动 ………………………………………… 187

　　第 20 讲　现代主义建筑及之后的建筑思潮 ……………………… 198

参考文献 ………………………………………………………………… 213

后记 ……………………………………………………………………… 215

1

第一篇
中国建筑

中国古代建筑发展概况及特征
古代城市
宫殿建筑
坛庙建筑
陵墓建筑
宗教建筑
园林建筑
住宅与聚落
著述及营造技术
近代中国建筑

第1讲

中国古代建筑发展概况及特征

　　了解中国古代建筑的发展概况；熟悉古代文化、地域环境、政治经济及施工技术等对中国古代建筑发展的影响与作用；掌握中国古代木建筑的特征及其突出成就。

【观看手绘赵州桥】

　　请扫码观看《手绘赵州桥》视频。赵州桥位于河北省赵县，建于隋代，由匠师李春设计建造，是目前世界上现存年代久远且跨度最大的单孔坦弧敞肩石拱桥，是我国古代工匠匠心智慧的结晶。

扫码观看
《手绘赵州桥》视频

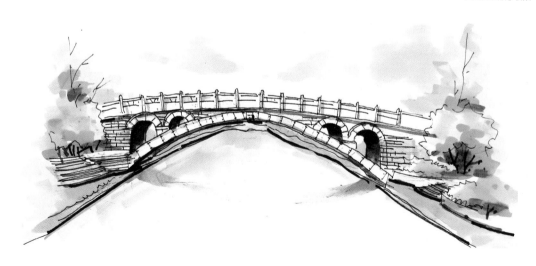

【走近中国古代建筑】

　　建筑学家梁思成曾对中西古代建筑做比较，他将中西建筑分别比作卷轴画及油画，认为西方建筑如同一幅油画，一个角度就可以观其全貌；而中国建筑更像一幅卷轴画，随着卷轴徐徐展开，全貌才慢慢映入眼帘。

一、中国古建筑发展概况

　　中国古代建筑发展经历了原始社会的穴居、巢居，到奴隶社会宏伟的都城、宫殿、宗庙、陵墓等建筑，再到封建社会建筑群及单体的逐渐成熟发展，成为世界建筑史中历史最悠久、体系最完整的建筑体系，为丰富世界建筑文化做出了卓越贡献。

（一）原始社会建筑

　　伴随着不同地域气候条件下逐渐形成的仰韶文化、红山文化、大汶口文化、河姆渡文化等，在原始社会末期建筑艺术开始萌芽。长江流域下游以南地区形成的河姆渡文化，出现了最早的干阑式建筑形象，如浙江余姚河姆渡村遗址出土了我国已知的最早采用榫卯技术构筑的干阑式建筑（图 1.1）；黄河中游地区形成的仰韶文化，出现木骨泥墙住宅（图 1.2），后发展为夯土建筑。龙山文化的遗址中还发现了土坯砖，祭坛和神庙这两种祭祀建筑也在原始社会文化遗存中被发现。

【家国情怀】

　　梁思成被誉为中国近代建筑之父，毕生致力于中国古代建筑的研究和保护，即便抗战期间在疾病困扰下，亦全心投入古建保护工作，将一生都奉献给了中国的建筑事业。2000 年，经中华人民共和国国务院批准，中华人民共和国建设部和中国建筑学会共同设立梁思成建筑奖，以表彰奖励在建筑设计创作中作出重大贡献和成绩的杰出建筑师。

图 1.1　河姆渡住宅复原（左）

图 1.2　仰韶文化半坡住宅复原（右）

（二）奴隶社会建筑

中国历史上第一个王朝夏的建立，标志着我国奴隶社会的开始。考古学家认为河南偃师二里头遗址是夏都城斟鄩，遗址宫殿廊院建在夯土台上，反映了我国早期封闭庭院的面貌。商朝建设了多座城址，考古挖掘的河南偃师尸沟乡商城遗址（图 1.3）显示当时都城已经有了宫城、内城和外城三重城墙。

周代随着人口增长，城市水利发展，农业、商业繁荣，促进了文化艺术的发展，《周礼·考工记》对都城营造制度做了总结，轴线规划思想融入建筑群布局，在春秋时期诸侯城址布局上多有反映，各诸侯国建造了大量高台宫室。西周代表性建筑遗址是陕西岐山凤雏村西周建筑遗址（图 1.4），庭院中轴线上依次为影壁、大门、前堂、后室，是我国已知最早、最严整的四合院实例。西周瓦的发明使建筑脱离了"茅茨土阶"的简陋状态。春秋时期，相传出现了百工始祖"鲁班"。

（三）封建社会建筑

1. 封建社会前期建筑（战国至南北朝）

战国时期，社会生产力的提高促进了封建经济的发展，出现了城市建设的高潮，城市规模逐渐扩大，出现了齐临淄、赵邯郸、燕下都等城市，高台宫室仍很盛行。

【匠心技艺】

鲁班是春秋时期鲁国人，出身于世代工匠的家庭，从小就跟随家人参加土木建筑劳动，善于观察，刻苦钻研技术，相传发明了木工锯子、曲尺、墨斗、刨子等工具。被称为土木建筑鼻祖、木匠鼻祖，其创造精神为历代工匠所敬仰。

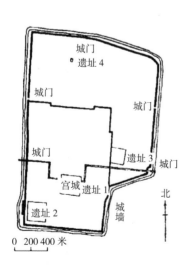

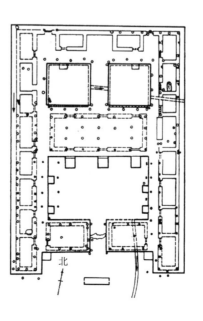

图 1.3　河南偃师尸沟乡商城遗址平面（左）

图 1.4　陕西岐山凤雏村西周建筑遗址平面（右）

秦统一中国后，集中人力物力修筑都城、宫殿、陵墓（图 1.5），秦摒弃了传统的城郭制度，阿房宫、咸阳城、信宫等散落在渭河两岸，是对咸阳冬至日星空的呼应，反映了法天象地、天人合一的思想。

汉代建筑规模宏大，类型多样，长安城建造了大规模的宫殿、坛庙、陵墓、苑囿，木构建筑体系基本形成，出土的汉代画像砖、画像石、明器陶屋（图 1.6）显示抬梁式和穿斗式两种主要木结构已经形成，初步形成基础、屋身及屋顶三段式划分，斗栱已普遍使用，形成了住宅的院落、楼居建筑形式。

汉代砖石建筑和拱券结构也有了很大发展，考古发掘了空心砖墓室（图 1.7）、墓阙（图 1.8）、墓祠、墓表、石兽、石碑等遗物。

图 1.5　陕西临潼秦始皇陵遗址鸟瞰图（左）

图 1.6　东汉陶庭院（右）

图 1.7　汉代空心砖墓室内（左）

图 1.8　东汉高颐墓石阙立面（右）

图 1.9 河南登封嵩岳寺塔
（左）

图 1.10 甘肃麦积山石窟
（右）

三国两晋南北朝时期是思想多元时期，盛行老庄哲学，文人参与建园，模仿自然山水风景，是中国园林发展的转折期。同时受到外来文化影响，东汉初就已传入我国的佛教在此期间发展很快，许多佛教寺庙、佛塔（图 1.9）、石窟寺（图 1.10）建于这一时期，初期佛寺布局与印度相仿，以佛塔为中心布局，北魏时期许多佛寺是由贵族官僚的邸宅改建，形成庭院式布局，佛寺开始中国化。

2. 封建社会中期建筑（隋至宋）

隋唐时期是中国古代建筑成熟期，城市发展的高潮，木架建筑、砖石建筑、建筑装饰、设计和施工技术方面都有巨大的发展。建于隋大业元年的赵州桥，跨度达 37 米，技术上达到当时世界上很高水平。

唐代建筑规模宏大，布局严整，长安城沿用隋大兴城，并进行扩充，成为古代城市成熟的代表，其规划布局影响了日本的平城京（今奈良市）和平安京（今京都市）。唐代建筑群处理愈趋成熟，宫殿、陵墓等建筑群强调了轴线空间序列，如唐大明宫从丹凤门开始，经过多座大殿，最后到蓬莱山的轴线长约 1600 余米。唐代木建筑解决了大空间的技术问题，如大明宫麟德殿面阔 11 间，面积约 5000 平方米，约为故宫太和殿的三倍。唐代砖石建筑进一步发展，佛塔采用砖石构筑增多，有楼阁式、密檐式与单层塔三种，如西安大雁塔（图 6.4）、小雁塔（图 1.11）及河南登封会善寺净藏禅师塔（图 1.12）。

【匠心技艺】

赵州桥始建于隋代，由匠师李春设计建造，赵州桥是世界上现存年代久远、跨度最大、保存最完整的单孔坦弧敞肩石拱桥，其建造工艺独特，在世界桥梁史上首创"敞肩拱"结构形式，对全世界后代桥梁建筑有着深远的影响。

图 1.11　西安小雁塔（左）

图 1.12　河南会善寺净藏禅师塔（右）

五代宋辽金时期是中国古代建筑的转折期，建筑艺术繁丽、细致。宋代城市布局从唐以前封闭的里坊制变为开放的街市制，手工业和商业都有发展。北宋政府颁布了《营造法式》，规定了以"材"为主的古典的模数制。宋代建筑装饰色彩华丽，大量使用彩画，装饰繁缛，精致柔美。砖石建筑技艺达到新高度，如河北定县开元寺料敌塔（图 1.13）高达 84 米，是现存最高砖石塔。河南开封祐国寺塔（图 1.14）塔身为褐色琉璃面砖，是我国现存最早的琉璃塔。

【匠心技艺】

《营造法式》是宋代李诚所著，是李诚在工匠喻皓《木经》的基础上编修的。是北宋官方颁布的一部建筑营造规范书，是中国古代最完整的建筑技术书籍，标志着中国古代建筑已经发展到了较高阶段。

3. 封建社会后期建筑（元明清）

元明清是中国封建社会后期，与社会政治、经济、文化的发展一致，建筑的发展相对缓慢，建筑风格简约、端庄。

元大都位于金中都东北，是明清北京的前身。元代建筑粗犷，木架建筑采用"减柱法"做大胆尝试，在空间扩大的基础上，增加了结构不稳定性。明代建筑古朴雄浑，砖普遍用于

图 1.13　河北定县开元寺料敌塔（左）

图 1.14　河南开封祐国寺塔局部（右）

砌墙，技术很高，出现了砖拱砌筑的无梁殿，如南京灵谷寺无
梁殿（图 1.15）。木结构到明代形成了新的定型，斗栱从之前
的结构作用变为纯装饰构件。建筑群布局更为成熟，南京明孝
陵和北京明十三陵是代表实例。清代园林达到新的高度，无论
是帝王苑囿还是私家园林的规模及造园技艺均是其他时期无可
比拟的。清代藏传佛教建筑继续兴盛，17 世纪重新兴建西藏
布达拉宫（图 1.16），展现了高超的建筑施工技艺。清朝单体
建筑简化，群体建筑营造达到新高度，雍正十二年颁行了工
部《工程做法》，是继宋《营造法式》之后又一部系统、全面
的建筑书籍。

图 1.15　南京灵谷寺无梁殿室内（左）

图 1.16　西藏布达拉宫（右）

二、中国古建筑思想与文化

（一）建筑思想

建筑是文化的一种物化，蕴含物质、精神、艺术及审美
特征。

中国古代建筑与社会伦理建立关系密切，《论语》中有"卑
宫室，而尽力乎沟洫"，说明之前的君王更加注重城市的水利及
农业建设，修建宫室比较适中，将道德美作为最重要的标准。当
然，宫殿建筑群作为帝王威仪的体现，历代还是宏大壮丽的。

老子《道德经》中的阴阳思想影响着建筑的布局及室内外空
间，无论是故宫，还是一般民居，无不是位置适中，布局严整，
建筑采光、通风良好。

（二）建筑环境观

中国古代儒家与道家都主张"天人合一"的思想，这种思想促进了建筑与自然的相互协调与融合。具体体现在：一是善择基址，城市、村落、陵墓（图 1.17）等都是基于对地形、地貌、气候等方面进行权衡后做出的最优结果，如隋宇文恺在大兴城选址时充分考虑了水源的问题；二是因地制宜，建筑依山就势，和环境融为一体，形成自然有序的佳作；三是整治环境，即对环境的不足之处作补充与调整，变被动为主动，如唐长安城宫城迁到大明宫，缓解了之前太极宫地势低洼、具有雨水之患的困境。

图 1.17　明十三陵鸟瞰

三、中国古建筑特征

（一）木结构优点

中国古代建筑以木构建筑为主，帝王的宫殿、坛庙、陵墓以及佛寺、道观、民居等都普遍采用木架建筑，形成了体系完整、特征明显的结构体系，其优势主要表现在以下几个方面。

1. 取材方便

我国木材资源非常丰富，黄河流域等地散布大量茂密森林，便于就地取用。另外，木材易于加工，利用石器、青铜工具即可完成砍伐、开料、平整、做榫卯等工序，因此木结构的技术得到迅速推广。

2. 适应性强

木结构建筑承重与围护结构分工明确，有墙倒屋不塌之说（图 1.18）。房屋荷载由木构架来承担，外墙（图 1.19）不承重，起遮风挡雨、保温隔热等围护作用。由于墙壁不承重，从而赋予建筑极大的灵活性。

3. 抗震性能强

木构架的组合采用榫卯连接（图 1.20）及柱础浮搁（图 1.21）技术，形成一定程度的可活动性，从而消减地震的破坏作用，如建于辽代（公元 984 年）的河北蓟县独乐寺观音阁，历经多次地震，至今仍巍然屹立不倒。

4. 施工速度快

相比欧洲砖石教堂建造需要上百年，我国大型木建筑从备料到竣工只用几年或十几年。宋代木建筑开始采用以"材"为主的模数制后，木构件的式样定型化，加快了木结构施工速度。明代重建紫禁城三大殿也只花了三年时间。

5. 便于修缮、搬迁

木结构建筑维修方便，甚至可以整体搬迁，由于榫卯节点具

图 1.18　古建墙倒屋不塌（左）

图 1.19　古建外墙（右）

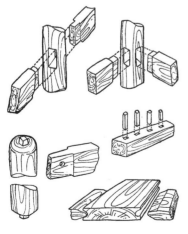

图 1.20　河姆渡遗址榫卯结构（左）

图 1.21　柱础浮搁（右）

有可拆卸的优点，甚至拆卸后重组可以实现，如山西芮城永乐宫就是从山西永济县（今永济市）整体搬迁而来。

（二）斗栱

斗栱是中国木构架建筑中特有的构件，主要作用是承托屋面荷载并传递给柱，后期起到装饰作用。斗栱基本由方形的斗、升，矩形的栱和斜的昂组成，一般用于高级的官式建筑中，宋代称为铺作。依据斗栱位置分为柱头斗栱、柱间斗栱和转角斗栱。

斗栱的形象最早见于周代铜器，汉代斗栱的形式呈多样化，唐代斗栱硕大（图 1.22），结构作用十分突出，至宋代斗栱已发展成熟，其尺度和形式已经统一，结构上的作用也发挥充分。经元至明清，斗栱的尺度逐渐减小，变得纤细又丛密，结构作用减少，装饰作用加强（图 1.23）。

图 1.22　佛光寺大殿斗栱（左）

图 1.23　太和殿斗栱（右）

【评价古代建筑】

脊兽（图 1.24）是中国古代建筑屋顶的屋脊上所安放的兽件，结合本讲所学的知识，查阅相关资料，分析脊兽在建筑屋顶的功能作用、美学价值及形象寓意。

图 1.24　古建屋顶脊兽

功能作用：

美学价值：

形象寓意：

第 2 讲
古代城市

　　了解中国古代城市的发展概况；熟悉中国古代城市在选址、布局、道路景观等方面的特点；掌握隋唐长安城、北宋东京城、明清北京城的城市布局特点。

【观看手绘天安门】

　　请扫码观看《手绘天安门》视频。天安门是明清两代北京皇城的正门，原名"承天门"，设计者为明代匠师蒯祥，天安门上部城楼为重檐歇山顶建筑，下部承台开设五个券门，中间券门最大，位于北京皇城中轴线上，是中国传统建筑艺术的经典作品，整体端庄、大气。

扫码观看
《手绘天安门》视频

【走近古代城市】

　　中国古代城市是随着社会财富集中和阶级分化而产生，反映了当时社会文化及工程技术的最高成就。本讲主要分析中国古代城市的发展及特征。

一、古代城市的发展

　　古代城市主要由宫殿区、衙署区、居住区、商业区、军事防御区等部分组成，按照时间及城市形态特征，大致分为四个阶段。

　　（一）城市初生期

　　原始社会末期，随着社会生产力提高带来的贫富阶级间的矛盾，氏族部落斗争的过程中产生了居住与防御性质的城市，考古遗址发掘这一时期城市遗址多为夯土城墙，面积在 2 平方公里左右，城内部分区域建有夯土高台，推测是统治者的居住或公共活动场地，在半坡遗址聚落分布了居住区、墓葬区和制陶作坊区，具有古代城市的雏形。夏商周时期，随着手工业及商品交换的发展，城市除了宫殿区、居住区外，出现手工业作坊区，郑州商城（图 2.1）、偃师商城及安阳殷墟遗址平面证实了这一点，这些城市功能区域布局相对无序。

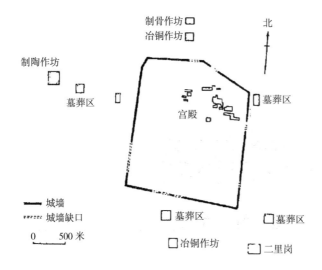

图 2.1 郑州商城遗址平面

（二）里坊制确立期

春秋以来各诸侯国之间互相征伐，战争频繁，各地纷纷建城，城市发展进入第一个高潮，出于统治需求，用围墙将城市分为若干区域，便于管理，居住区称为"里"，商业与手工业区称为"市"，实行宵禁制度，按时开放居住区的里门和市场的市门，到汉代封邑达到万户才可以单独开门向大街，不受里门制度制约。战国时成书的《周礼·考工记》记载匠人营国的制度："匠人营国，方九里，旁三门。国中九经九纬，经涂九轨，左祖右社，面朝后市，市朝一夫。"营国制度对后代都城建设影响重大，像曹魏邺城、隋唐长安城都是方城布局，在城市选址确定的情况下，将城市分成宫殿、衙署、居住等区域，通过坊墙的围合，形成"里坊制"布局。从现存遗址来看，当时城市大致参照了以上布局，但并不完全一致，布局较为自由。山东曲阜鲁故都为外城包宫城形制，易县燕下都（图 2.2）是东西二城并列式，西汉长安是多个宫殿区组合的城市。

（三）里坊制极盛期

三国时曹魏都邺城布局（图 2.3）规则严整、功能分区明确。城市呈长方形，坊墙将城市分为北侧的宫殿区和南侧的居住区，城市西北侧铜雀园为御苑，园西侧铜雀台、金虎台、冰井台则有军事防御作用。城中道路纵横，城市形象统一。隋唐长安城是当

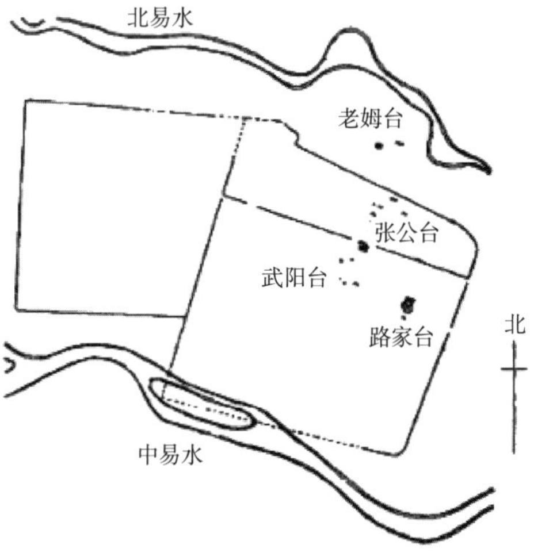

> **【扩展思考】**
>
> 《周礼·考工记》中营国制度的含义？
>
> 古代匠人营建都城，都城九里见方，每边开三门，城中有南北、东西向大道各九条，每条大道宽度可以九辆车并行。王宫外左边是宗庙，右边是社稷坛，王宫的前面是朝，后面是市场。市和朝大小为百步见方。

图 2.2　易县燕下都遗址平面

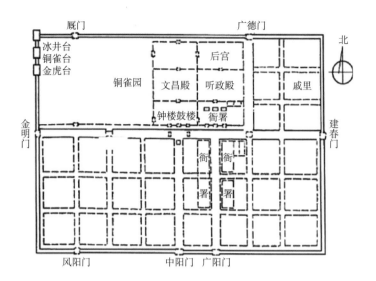

图 2.3   曹魏都邺城平面推想图

时世界上最大的城市，也是里坊制布局城市的典范，市场分布在城市东西区，较为均衡，唐后期城市中部分官员府邸、佛寺、道观则可直接向大街开门，不受坊墙限制，城市开始突破里坊制的制约。

（四）开放式街市期

北宋时期，城市经济繁荣，原有的里坊制城市布局已不适应城市的发展，北宋东京取消了宵禁制度，取消城市坊墙，水路交通便捷，可以沿街设店，结束了 1500 余年的里坊制城市布局，影响了后代的都城建设。

二、古代城市规划特征

古代都城在选址、规划、交通、绿化等方面形成了鲜明特色，对世界其他地区，尤其是亚洲国家的城市规划产生了深远影响。

（一）都城选址

都城选址受到历代帝王重视，《吕氏春秋》曰"古之王者，择天下之中而立国，择国之中立宫，择宫之中立庙"，体现了都城选址基于政治、军事、经济等多方面考虑，多选在中心位置，如隋唐长安城、明清北京城。墨子《管子·乘马》曰："凡立国

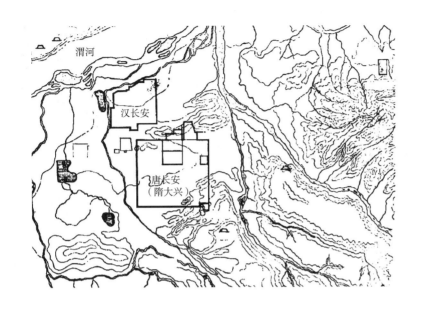

渭河

汉长安

唐长安
（隋大兴）

图 2.4 西安古代都城遗址
位置

都，非于大山之下，必于广川之上。高毋近旱而水用足，下毋近
水而沟防省。因天材，就地利，故城郭不必中规矩，道路不必中
准绳。"建议充分利用山形水势来建都，如明代南京城出于防御
需求，基于当地地形形成的不规则城市布局。水源也是古代城市
选址的重要因素，首先要保证居民饮用水需求，隋文帝因汉长安
城地下水不宜饮用而另建大兴城（图 2.4）。古代路运不发达，隋
唐开凿大运河，以洛阳为中心，北至涿郡（今北京），南至余杭
（今杭州），漕运对供应京城粮食等物资发挥保障作用。水系亦对
皇家御苑园林建设发挥重要作用，元代引西郊山泉经水渠导入太
液池，造就了宏大的皇家园林。

（二）方城布局

古代都城为保护帝王安全，设有城墙及护城河。所谓"筑城
以卫君，造郭以守民"。城指内城，是帝王朝政及生活区域；郭
指外城，是普通居民生活区域。早期都城中城与郭的位置关系有
左右并列或内城外郭两种，自汉之后以后者发展为主，形成多重
内向型方城格局。通常都城设三道城墙，由内向外，第一层是宫
城，又称大内或紫禁城；第二层是皇城，又称内城；第三层是外
城。地方府城常设两道城墙，形成子城、罗城。围墙加强了城市
的防御性，许多城市城门处设多道城门，形成"瓮城"（图 2.5）。

城墙每隔一定间距设置突出的矩形墩台，称为敌台或"马面"（图 2.6），以利侧面射击攻城的敌人。另设有指挥战争用的城楼、敌楼等防御设施。

图 2.5　北京正阳门瓮城（左）

图 2.6　山西平遥古城墙敌台（右）

（三）道路景观

古代都城在地形平整地域新建的城市，具有明确的方向性，道路系统多为规整的方格网。对于地处山丘河流区域的都城，常依山就势，形成不规则的道路网，如明南京城（图 2.7）路网较为自由。

【匠心技艺】

古代都城遇暴雨，城中低洼之处常会被水淹。为提升城市的排水效率，常设沟渠系统。清代北京沟渠疏浚由董姓包商世袭承揽，称为"沟董"，绘有详尽的北京内城沟渠图。

图 2.7　明南京城复原图

古代都城注重城市绿化环境，在道路两侧种植树木。北方城市以槐树、榆树为主，南方多为柳树。唐长安街道两侧种植槐树，当时人称之为"槐衙"。

【欣赏古代城市】

中国古代城市几乎是当时世界上最大的城市，从秦咸阳城、西汉长安城、隋唐长安城，一直到明清北京城，城市各具特色。

一、隋大兴城（唐长安城）

隋开皇二年，隋文帝杨坚在汉长安城东南龙首山南面建造大兴城，由高颖和宇文恺负责总体规划设计，按照宫城、皇城、外城顺序依次建设。中轴线是城市规划的主轴，宫城设置在城市中轴线上，南侧为居民区，东西侧位置布置市场，东为都会市，西为利人市，功能分区明确，比之前历代的都城都规整。城市道路系统为方格网，有东西向大道 12 条，南北向 9 条，将城划分为 109 个坊、2 个市场，城东南角曲江一带建芙蓉苑，成为隋唐时期的皇家禁苑。

唐代沿用隋大兴城，改名长安城（图 2.8），在城市东北龙首原高地新建大明宫，称"东内"。主要宫殿由原来的太极宫移至大明宫。城市设东、西二市，商业活动集中在这里，由于城市规模大，市民生活仍然不方便，后期规模小，商店散布在里坊中。唐长安城建造了许多佛寺和道观，保留至今的大雁塔（图 2.9）与小雁塔（图 2.10），分别是唐代慈恩寺、荐福寺中的重要佛塔。

作为当时世界上最大的城市，城内道路尺度巨大，宫城太极宫前横街宽 200 米，皇城前直街宽 150 米，全城形成规整的棋盘式布局，街道两旁植槐树，放眼望去是高大的坊墙，街景比较单一。后期，由于里坊制城市布局对经济的制约，以及城市排水、运输等方面的问题，唐迁都洛阳。

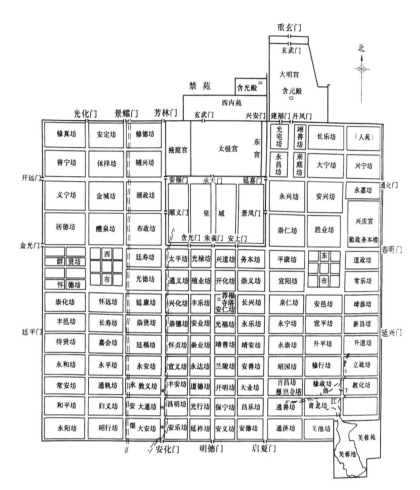

图 2.8　唐长安城复原平面

图 2.9　慈恩寺大雁塔

图 2.10　荐福寺小雁塔

二、北宋东京城

古代汴州（今河南开封）是地方的州城，由于水陆交通便捷，唐时商业发达，五代后梁、后汉、后晋、后周曾在此建都，后周时城市外扩，街道拓宽，进一步促进了手工业、商业的发展。宋代亦在此建东京城（图2.11），州衙改为宫城，面积为唐长安宫城的1/10左右；外围罗城面积约为长安城的1/2。显示了由地方城市改为国都的空间局限。宋代中后期东京重修外城，加筑瓮城和敌楼，增建军营，增加了城市的防御设施。

北宋东京宫城居中，官署区分布在宫城内外，与居住区混杂。居住区取消之前的高大坊墙，住宅布局自由，城市沿街开设酒楼、浴室、药铺等商铺，相国寺每月举办庙会集市，商业极其繁荣，北宋画家张择端的《清明上河图》描绘了这一繁华景象（图2.12）。由于建筑密度较高，有很强的防火需求，北宋时建设了专门的瞭望台。

【匠心技艺】

虹桥位于北宋东京东水门外的汴河上，《东京梦华录》记载："从东水门外七里，曰虹桥，其桥无柱，皆以巨木虚架，饰以丹，宛如飞虹。"由于整座桥没有桥柱，可以减少洪水的冲击，通过桥梁穿插承托，形成拱形结构，显示了宋代高超的木构技术。

图2.11　北宋东京城平面推想图

图 2.12　北宋东京虹桥
（张择端《清明上河图》）

城内五丈河、金水河、汴河、蔡河东西穿城，漕运便捷，沿河有仓库区，汴河上的虹桥最为突出，是宋代木构技术成熟的作品。城市西侧建有琼林苑、金明池，东侧建有东御苑，南侧建有玉津园，北城内有撷景园、撷芳园等苑囿。

三、明清北京城

明清北京城是在元大都的基础上改建的（图 2.13），元代在金中都东北侧围绕琼华岛一带水面建宫殿，直至完成大都城建设。

元大都城墙有宫城、皇城、都城三重，水系由郭守敬规划设计，引西山和昌平一带泉水注入通惠河，并疏通了大运河一带水系，来自南方的粮食和物资直达琼华岛北面的海子（今积水潭），对中国南北方地区的经济、文化交流起到重要作用。元大都围绕大片水面建宫城、皇城，是古代城市布局的一种创新，可能和蒙古人逐水而居的传统观念有关。元大都地势平坦，道路规整，全城道路分干道和东西向为主的"胡同"两类，形成新的居住区布局方式，城内市场分散布置。

明代迁都北京，南京城成为陪都，为便于防守，放弃北面荒凉的地带，在嘉靖年间又加筑外城，形成了凸字形平面。东、北、西三面各有两座城门，设有瓮城、城楼。城市以宫城（紫禁城）

【匠心技艺】

郭守敬是元朝著名的天文学家、数学家、水利工程专家，在天文、历法、水利和数学等方面都取得了卓越的成就。郭守敬任都水监期间，负责元大都至通州的通惠河的修建。郭守敬一生主要从事科学研究工作，体现出孜孜不倦、刻苦钻研的科学精神。1970 年，国际天文学会将月球上的一座环形山命名为"郭守敬环形山"。1977 年，国际小行星中心将小行星 2012 命名为"郭守敬小行星"。

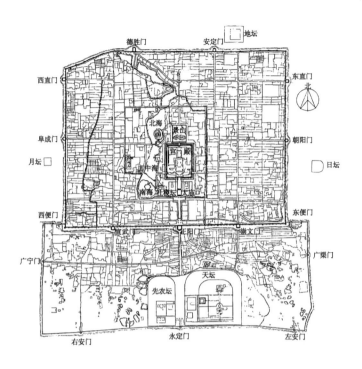

图 2.13　清代北京城平面图（乾隆时期）

为中心，布局仿照南京宫殿，四角建角楼，围以 50 余米宽的护城河。宫城前的左侧建太庙，右侧建社稷，符合"左祖右社"制度。内城外东西南北四面分别建造日坛、月坛、天坛及地坛。

内城街道由于南北向什刹海和西苑阻碍了东西向交通，城市交通不便，居住区延续元代胡同布局，市场集中在皇城四侧，形成北面鼓楼、东西四牌楼及南面正阳门商业区。

北京城轴线南起永定门，向北依次为内城南门正阳门、皇城的天安门、端门及紫禁城的午门，再穿越六座门七座殿，出神武门越过景山，一直到北端鼓楼和钟楼，轴线全长约 7.8 公里，轴线上建筑高低起伏、院落层次多样，空间序列丰富，布局严整。

【文化传承】

北京中轴线是我国礼仪制度的物化，祭天礼地、左祖右社等礼仪在这里集中展现，承载了丰富的历史文化内涵。2022 年，国家文物局宣布推荐"北京中轴线"作为中国 2024 年世界文化遗产申报项目，如果申遗成功，北京中轴线将成为中国首个以"历史文化名城"为主题的世界文化遗产，向世人展示中国古代都城的独特魅力和文化传承。

【评价古代城市】

西汉长安城（图 2.14）位于今西安市西北渭水南岸，是当时全国的政治、经济和文化中心，结合本讲所学的知识，查阅相关资料，分析西汉长安城在城市布局、道路系统及重要建筑方面的特点。

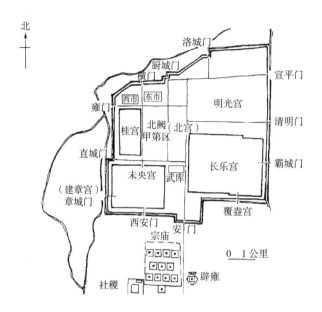

图 2.14　西汉长安城遗址平面

城市布局：

道路系统：

重要建筑：

第 3 讲
宫殿建筑

了解中国古代宫殿建筑的发展概况；熟悉中国古代宫殿前朝后寝、中轴对称、左祖右社等布局特征；掌握唐大明宫、明清北京故宫的规划思想及建筑特征。

【观看手绘太和殿】

请扫码观看《手绘太和殿》视频。太和殿是故宫中规模及等级最高的大殿，建成于明永乐十八年（1420 年），原称奉天殿，大殿位于三层汉白玉栏杆环绕的台阶之上，面阔 11 间、进深 5 间，屋顶采用了古代屋顶最高等级的重檐庑殿顶，作为古代举行盛大典礼的场所，气势威严。

扫码观看
《手绘太和殿》视频

【走近宫殿建筑】

　　宫殿建筑是古代帝王生活起居、处理政务的重要空间场所，凝聚了古代建筑技艺之精华，取得了举世瞩目的建筑成就。中国宫殿建筑在规划布局、建筑空间、装饰构造等方面，无不与传统礼制文化息息相关。本讲主要分析中国古代宫殿建筑发展及文化特征。

一、宫殿建筑的发展

　　宫殿建筑作为中国古代规模最大、最具特色的建筑群，凸显帝王至高无上的权威，随着时代的发展，先后经历茅茨土阶、高台宫室、前殿和宫苑结合以及纵向布置"三朝"的四个阶段，形成各具特色的空间布局。

　　（一）茅茨土阶

　　宫殿建筑的产生是伴随我国第一个奴隶制王朝夏朝而产生的，是统治阶级的权力象征。考古发掘的河南偃师二里头"一号宫殿"遗址（图3.1）显示，夏朝建造的宫殿只有夯土台基，并无瓦片，遗址沿轴线布置建筑，形成廊院式布局，商朝的宫殿遗址也出现了类似特征，这种庭院式布局一直影响到后来的建筑。

　　（二）高台宫室

　　西周早期产生瓦，主要用于建筑檐部，极大地改善了宫殿建筑形象。春秋战国时期各诸侯国相继在夯土台上建造宫殿，上附

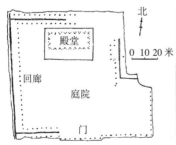
（a）夏朝宫殿遗址平面

（b）夏朝宫殿复原模型

图 3.1　夏朝宫殿

灰瓦，形体复杂。史载春秋时期的章华台（图 3.2）台高 10 丈，基广 15 丈，气势恢宏，自此宫殿进入一个崭新的时期，摆脱了

图 3.2　章华台假想复原图

商周时期"茅茨土阶"的简易状态，高台宫殿建筑自此延续了 2000 多年。

（三）前殿和宫苑结合

秦统一中国后，在咸阳建造了规模宏大的咸阳宫（图 3.3）、阿房宫等宫殿建筑群，分布在渭水南北两侧，其中阿房宫宫殿遗址东西长约 1 公里，南北长约 0.5 公里，夯土台残高 8 米，可以推测当时建筑规模之大。同时，还有许多离宫分布在上林苑中，形成宫殿与园林结合的先例。西汉时期延续了这种布局方式，西汉长安城建设了未央宫、长乐宫、北宫等宫殿建筑，宫殿大多与帝王苑囿结合布置，布局较为自由，富有园林气息。

设定中轴

0　5　10 米

图 3.3　秦咸阳宫一号宫殿遗址立面复原图

（四）纵向"三朝"

所谓"三朝"是指大规模礼仪性朝会、日常议政朝会及定期朝会三种，分别在不同的宫殿中举行，古称外朝、治朝和燕朝，在不同朝代名称不同。明清北京故宫"三朝"（图 3.4）即为太和殿、中和殿及保和殿。

汉、晋、南北朝时期，三座重要大殿多为横向并列。隋文帝兴建大兴宫时，追随周礼制度，纵向布置三座大殿，形成纵向"三朝"布局模式。唐代大明宫南北轴线上布置含元殿、宣政殿、紫宸殿，这种布局一直延续到明清北京故宫前三殿布局上。

【文化传承】

"三朝五门"是从周朝起就确立的一项宫殿制度，《周礼》《礼记》《仪礼》中都提出过天子、诸侯皆三朝的说法，三朝五门是指五道门将皇宫分为三个不同的功能区域。

图 3.4   北京故宫"三朝"

二、宫殿建筑的布局特征

古代宫殿建筑布局严整，规模宏伟，从历代宫殿发展来看，宫殿多位于城市中央，形成了"前朝后寝"的布局模式，宫殿左侧为太庙、右侧为社稷坛，处处体现着古代礼仪秩序。

（一）前朝后寝

所谓"前朝"，即为帝王上朝治政、举行大典之处。所谓"后寝"，即帝王与后妃们生活居住的地方。在"前朝"中央靠墙处，设有御座，这是帝王上朝坐的地方；在"后寝"，则设有床具，供休憩之用。这是宫殿自身的典型布局特征。

（二）中轴对称

《周礼·考工记》中关于城市规划的思想"匠人营国，方九里，旁三门。国中九经九纬，经涂九轨，左祖右社，面朝后市，市朝一夫"对我国城市规划影响深远，最重要的体现是中国历朝历代的宫殿沿中轴对称布置，塑造了一种庄严、肃穆的空间氛围（图 3.6）。

【匠心技艺】

北京故宫太和殿（图 3.5），俗称金銮殿，是明清北京紫禁城的宫殿建筑，是中国现存最大的木结构大殿，位于北京紫禁城（故宫）南北主轴线的显要位置，是古代匠人智慧的结晶，遭遇多次大地震，依然屹立不倒，代表着当时的最高木构技术水平。

图 3.5   北京故宫太和殿（左）

图 3.6   故宫建筑群（右）

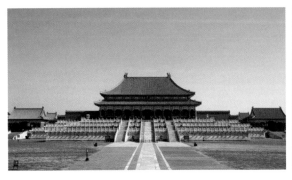

（三）左祖右社

古代宫殿左边（东）是祖庙，右边（西）是社稷，祖庙建在东边，社稷坛建在西边，左右对称（图3.7）。但左祖右社的营国制度，其中的祖庙（祖）已退居次要地位，属于汉代的都城建造制度。

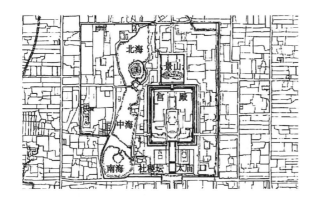

图 3.7　北京故宫前太庙、社稷坛位置

【欣赏宫殿建筑】

　　我国古代宫殿建筑注重空间秩序的建立，规模宏大，形象壮丽，格局严谨，给人强烈的精神感染，成为中国建筑技艺最高成就的代表。下面将展示几个经典宫殿建筑，请大家欣赏宫殿之美。

一、如日之升，则曰大明——唐大明宫

唐大明宫（图3.8）是唐代大朝的宫殿，位于唐长安东北角龙首原高地上，是唐朝政治中心所在地，也是唐长安城规模最大的宫殿建筑群，古称"东内"，大明宫布局有序，雄伟壮丽，是当时世界上最大的宫殿建筑群。

大明宫始建于公元634年（唐贞观八年），占地约3.2平方公里，是明清北京故宫的4.5倍，唐代诗人李华在《含元殿赋》中用"如日之升，则曰大明"解释大明宫含义。大明宫依照"前朝后寝"制度分为外朝、内廷两部分，外朝以帝王朝会为主，布置含元、宣政、紫宸三大殿；内廷以帝王居住休憩为主，以太液池

【文化传承】

　　大明宫建筑群的壮丽形象，对当时日本等亚洲国家的宫殿建筑也产生了深远影响。日本平城京、平安京在宫殿布局、城郭形式上，将唐大明宫作为模板进行仿效，但规模上并未超越大明宫。

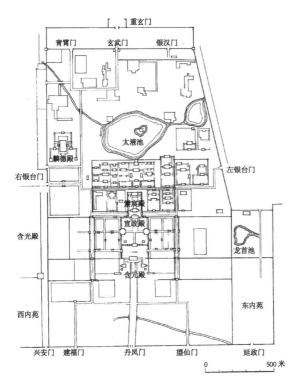

图 3.8　唐大明宫平面复原图

图 3.9　大明宫含元殿复原想象图

为中心，自由式布置殿、亭、观等建筑，富有生活园林气息。其中前朝的含元殿（图 3.9）造型雄伟，高出地面 10 余米，大殿基础东西长约 76 米，南北进深约 42 米，正面十三间，是古代宫殿建筑等级最高的建筑之一，殿前有坡道盘旋折返，远看如盘龙，有"龙尾道"之称。含元殿左右各有阙楼一座，与含元殿通过飞廊连接，形成 U 形围合之势，大气磅礴，震撼人心，这种布局形式影响了明清北京城午门形制。

大明宫是我国宫殿建筑艺术的高峰，规模之大，形式之美，对当时世界，尤其对东南亚地区宫殿产生深远的影响，成为争相模仿的范本。

二、世界文化遗产——北京故宫

北京故宫（图 3.10）是中国明清两代的皇家宫殿，旧称紫禁城，位于北京中轴线的中心，坐北朝南，由明朝皇帝朱棣始建，明朝匠人蒯祥参与了设计，宫殿布局严整、气势恢宏，已成为全球参观人数最多的博物馆。

故宫于公元 1420 年（明永乐十八年）建成，南邻金水河，北倚景山，西侧为三海，城墙南北长 961 米，东西宽 753 米，高 9.9 米，设置东华门、西华门、午门及神武门，周边环绕 52 米宽的护城河，又称为筒子河（图 3.11），构筑了皇宫第一道防线。空间布局依据"前朝后寝"制度，形成外朝、内廷两部分，外朝

【扩展思考】

　　三海即北海、中海、南海的合称，位于北京城内故宫和景山的西侧，明、清时期称为西苑。它是中国现存历史悠久、规模宏大、布置精美的宫苑之一。

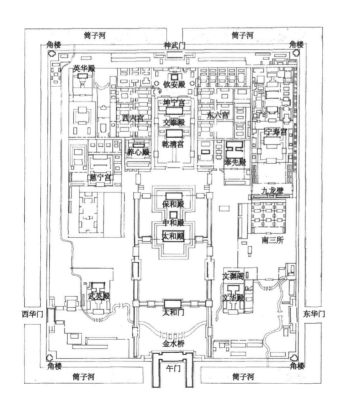

图 3.10　清代紫禁城宫殿图（乾隆末年）

图 3.11 故宫角楼及筒子河

以太和殿、中和殿、保和殿前三殿为主，内廷以乾清宫、交泰殿
及坤宁宫为主。故宫在空间布局、装饰色彩等方面处处体现着等
级秩序，成为世界上现存规模最大、保存最为完整的木质结构古
建筑群之一，1987 年被列为世界文化遗产。

【评价宫殿建筑】

　　沈阳故宫（图 3.12）位于辽宁省沈阳市，为清朝初期的皇
宫。建筑布局分为东路、中路和西路三个部分。结合本讲所学的
知识，查阅相关资料，分析沈阳故宫三个部分组成、特点及与北
京故宫的异同。

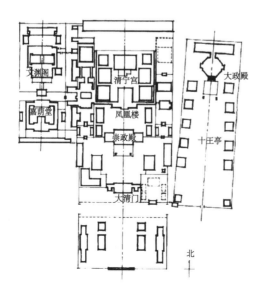

图 3.12 沈阳故宫平面

东路布局及特征：

中路布局及特征：

西路布局及特征：

与明清北京故宫的异同：

第 4 讲
坛庙建筑

了解中国古代坛庙建筑的发展概况；熟悉三大类型坛庙建筑的空间特点；掌握明清北京天坛、曲阜孔庙建筑群的规划设计思想及重要建筑特征。

【观看手绘祈年殿】

请扫码观看《手绘祈年殿》视频。祈年殿位于天坛内部，是明清两代皇帝孟春祈谷之所，为一座圆形大殿，是中国古代"天圆地方"思想在建筑中的反映，内外彩画是等级最高的和玺彩画，屋面是三层蓝色琉璃瓦顶象征蓝天。

扫码观看
《手绘祈年殿》视频

【走近坛庙建筑】

坛庙建筑是中国古代建筑特殊的一种类型，源于祭祀，蕴含了中华民族的礼制文化。本讲主要分析中国古代坛庙建筑的发展及其文化特征。

一、坛庙建筑的发展

"台而不屋为坛，设屋而祭为庙"，从原始的祭坛到明清坛庙，坛庙建筑空间序列发展逐步完善。

原始社会坛庙建筑遗址有良渚文化祭坛、红山文化祭坛及女神庙等。浙江余姚瑶山祭坛（图4.1）平面呈方形，边长约20米，面积约400平方米，从中心向外，依次布置红土台、灰土沟及砾石台，现存红土台上没有发现夯筑遗迹，推测是当时部落举行祭天的活动场所，祭坛南部分布12座墓葬，出土了精美的随葬品。辽宁牛河梁红山文化祭坛（图4.2）用石块堆成方形或圆形，可能是当时部落共用的祭祀场所。

奴隶社会时期坛庙建筑遗址有河南安阳殷墟祭祀坑、四川广汉三星堆祭祀坑等。殷墟祭祀坑（图4.3）出土的物品显示了当时铸造青铜器的高超技术及甲骨文、金文的成熟；三星堆遗址发掘的青铜雕像（图4.4）则反映了当地图腾崇拜的特征。

封建社会时期，古代帝王定期举行祭祀活动，坛庙建筑得到逐步发展和定型化。西汉长安城南郊建设了明堂、辟雍

【匠心技艺】

三星堆遗址的发现，有力地证明了三四千年前古蜀国的存在和中华文明起源的多元性。出土的青铜器造型独特、工艺复杂，显示了古蜀国匠人高超的技艺。

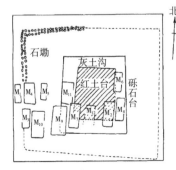

图 4.1 浙江余姚瑶山祭坛平面（左）

图 4.2 辽宁牛河梁圆形祭坛（右）

图 4.3 河南安阳殷墟甲骨窖穴（左）

图 4.4 三星堆祭祀坑出土的面罩（右）

（图 4.5）、社稷坛等祭祀建筑，作为帝王颁布政令，接受朝觐和祭祀天地诸神以及祖先的场所。隋唐两宋时期，坛庙（图 4.6）种类日益丰富，北宋东京城建有圜丘、方丘、先蚕坛、朝日坛等；明清时期，坛庙建筑形制基本完善，紫禁城前布置太庙、社稷坛。

图 4.5 汉代辟雍遗址中心建筑复原（左）

图 4.6 唐代武则天明堂复原想象图（右）

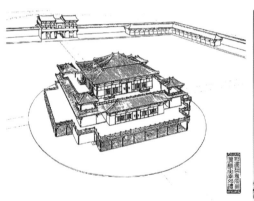

二、坛庙建筑的类型及特征

古代坛庙建筑包含天坛、地坛、日坛、月坛、先农坛、社稷坛、太庙、文庙及武庙等建筑类型。

（一）祭祀自然神

祭祀对象包括天、地、日、月、风云雷雨、社稷、先农等。其中天地、日月、社稷、先农等由皇帝祭祀。祭天仪式极其隆重，唐宋冬至祭天，感恩上天哺育万物，君权神圣，神圣不可侵犯。古代农耕社会，社稷象征着国土和政权，社稷坛（图 4.7）

【家国情怀】

五色土：北京社稷坛祭坛上层按照中国东、南、西、北、中的方位区域，分别铺设青、红、白、黑、黄五种不同颜色的土壤，俗称"五色土"。泥土由各地州府运送而来，寓意"普天之下，莫非王土"，象征领土完整、国家统一。

图 4.7　北京社稷坛

是祭祀五土之神、五谷之神的场所，同时还设先蚕坛，由皇后或派人来此祭祀蚕神，体现古代男耕女织的农业社会经济结构中，对蚕神的敬意。

（二）祭祀祖先

古代皇家祖庙称太庙，臣下祖庙称为宗庙、家庙或祠堂。太庙布局模仿"前朝后寝"制度，前设庙来供奉神主，后设寝殿放置衣冠几杖等物品，太庙正殿（图 4.8）立面以七开间、九开间为主。明清祠堂数量较多，院落式布局，前设照壁、牌坊等，作为空间导引，前进院落为开敞式廊院，后进院落布置祠堂主体建筑，建筑造型优美，结构木雕、石雕作品精致，具有很高的艺术和历史价值。

（三）祭祀先贤

祭祀先贤多为孔庙（图 4.9）、诸葛武侯祠、关帝庙等建筑。其中孔庙数量最多、遍布最广，自汉代开始，历代多有建设。孔

【家国情怀】

传统文化中敬重祖先始终一脉相承，祖庙凝聚了中国文化中血缘意识和家国情怀，对凝聚家族、统治国家发挥着重要作用。

图 4.8　北京太庙正殿

图 4.9　北京孔庙大成门

庙院落常设棂星门、泮池、大成门、大成殿、明伦堂等建筑，形成多进院落式布局。

【欣赏坛庙建筑】

我国古代坛庙建筑，建筑群布局严谨，单体形象各异，将传统礼制思想融入其中。

一、北京天坛

天坛位于北京正阳门外东侧，建于明初，清代多次改建，是明清的两代皇帝祭天和祭祀五谷丰收的地方。四周古松环抱，是坛庙建筑群的经典之作。天坛（图 4.10）由祈年殿、圜丘、皇穹宇、斋宫、牺牲所、神厨、神库等建筑组成，整体布局和单一建筑均反映出中国古代宇宙观中"天人合一"的思想。

天坛祈年殿（图 4.11）是北京天坛的主体建筑，又称祈谷殿，是明清两代皇帝孟春祈谷之所，空间造型、色彩塑造非常成功。圆形木构大殿，屋顶在明代为青、黄、绿三色琉璃瓦，分别象征天、地与万物，清代统一改为蓝色，搭配中部红色门窗，底部白色台基，显得格外宁静、典雅。祈年门与祈年殿之间距离为殿高的三倍，构图视角极为均匀。

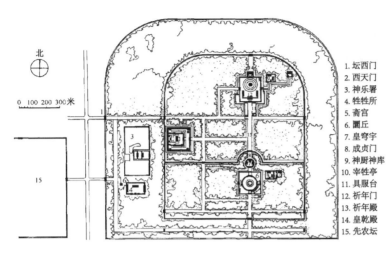

图 4.10　北京天坛平面图

1. 坛西门
2. 西天门
3. 神乐署
4. 牲牲所
5. 斋宫
6. 圜丘
7. 皇穹宇
8. 成贞门
9. 神厨神库
10. 宰牲亭
11. 具服台
12. 祈年门
13. 祈年殿
14. 皇乾殿
15. 先农坛

图 4.11　祈年殿

天坛圜丘（图 4.12）是皇帝举行冬至祭天大典的场所，又称祭天坛，通过数字和色彩表达象征意义，清代改两层坛为三层汉白玉坛。每层坛踏步 9 级，上层台直径 30 米（9 丈），有 72 个栏板；中层台直径 50 米（15 丈），有 108 个栏板，底层台直径 70 米（21 丈），有 180 个栏板。色彩方面，清代改青色琉璃贴面、坛为汉白玉坛，更为素雅纯净。天坛北侧的皇穹宇（图 4.13）为圜丘坛祭祀神位的场所，存放祭祀神牌的地方。天坛西侧斋宫为皇帝祭祀前斋戒的地方，有两层围墙，有小"紫禁城"之称。神乐署、牺牲所位于西侧外墙附近，为备祭场所。

天坛坛墙形状北圆南方，建筑方形、圆形重复使用，表达了完美的天地和谐概念，是古代"天圆地方"思想的具体展现，全区遍植柏树，建筑坐落在大片的树林之中，建筑面积占天坛地面

【匠心技艺】

回音壁是皇穹宇的围墙，墙高 3.72 米，周长 193.2 米，墙壁是用磨砖对缝砌成的，与声学原理契合，显示出古代中国建筑工艺的发达水平。

图 4.12　圜丘鸟瞰图（左）

图 4.13　皇穹宇（右）

面积约 1/20，圜丘与祈年殿之间的丹陛桥长 360 米，走在桥上，周边林海环绕，如在天庭。

二、曲阜孔庙

　　孔庙是祭祀中国古代著名思想家和教育家孔子的祠庙，为古代名人先贤祠庙建筑的经典案例，数量多、规制高，建筑技艺精美。曲阜孔庙（图 4.14）是中国规模最大、等级最高的孔庙，始建于公元前 478 年（鲁哀公十七年），因宅立庙，后历代修建，明代基本形成现在的格局。

　　曲阜孔庙沿南北轴线展开，南北长约 644 米，东西宽约 147 米。空间序列从南侧棂星门起，到北端圣迹殿结束，有九进院落组成，前三进院落为空间前导部分，有牌坊、棂星门、圣时门等组成，院落中柏树林荫，第四进院落从大中门开始，是孔庙主体部分，围墙四角仿北京故宫样式配建角楼，穿过大成门，到达孔庙空间序列高潮部分大成殿。

【文化传承】

　　亚洲国家，如越南、日本、朝鲜、新加坡等地，在历史上受中国传统文化影响，从公元 8 世纪始仿效中国兴建孔庙，传播儒学。近代以来，孔庙及类似建筑遍布世界各地，成为全人类的宝贵的精神财富。

　　党的十八大以来，我国与 159 个国家和地区合作举办了孔子学院，对增进世界各国人民对中国文化的了解发挥了重要作用。

图 4.14　曲阜孔庙鸟瞰

图 4.15　大成殿（左）

图 4.16　杏坛（右）

大成殿（图 4.15）是孔庙主殿，建于公元 1729 年（清雍正七年），重檐歇山顶，面阔九间，进深五间，黄色琉璃瓦顶，前廊 10 根雕龙石柱雕刻精美，斗栱交错，雕梁画栋，周环回廊，殿内供奉孔子和诸贤雕像。殿后为供奉孔子夫人的寝殿，遵循了古代"前朝后寝"的制度布局。

杏坛设于大成殿院落中部，传为孔子讲学的地方，坛周围植杏树，故称杏坛（图 4.16）。坛上建重檐十字脊方亭，彩绘精美，内用斗八藻井，彩画用金龙和玺，规格很高。

奎文阁是历代帝王赐书、墨迹收藏之处，为楼阁式建筑，明代扩建，面阔七间，进深五间，三重飞檐，内部设暗层，主结构独特。

随着中国的发展和国际地位的提升，文化大国形象越来越重要，孔庙的功能超过了纪念意义，成为中华民族的文化象征之一，承担着文化传承、民族融合的功能，1994 年曲阜孔庙被联合国教科文组织列为世界文化遗产。

【评价坛庙建筑】

先农坛位于北京市西城区，是明清两代皇帝祭祀山川、神农等诸神的重要场所。结合本讲所学的知识，查阅相关资料，分析先农坛布局特点、重要建筑（图 4.17）及与北京天坛的异同。

图 4.17　北京先农坛太岁殿

布局特点：

重要建筑：

与北京天坛异同：

第 5 讲
陵墓建筑

了解中国古代陵墓建筑的发展概况；熟悉方上、因山为陵、宝城宝顶的陵墓形制特点；掌握秦始皇陵、唐乾陵、明十三陵的空间布局特征。

【观看手绘明长陵】

请扫码观看《手绘明长陵》视频。明长陵为明十三陵之首，是明成祖朱棣和皇后徐氏的合葬墓，位于北京市昌平区天寿山主峰南麓，建于永乐七年（1409 年），陵园规模宏大，由前后相连的三进院落组成，主要建筑包括陵门、神库、神厨、碑亭、祾恩门、祾恩殿、棂星门、宝城、明楼等，是研究明代建筑的珍贵实物。

扫码观看
《手绘明长陵》视频

【走近陵墓建筑】

古代陵墓建筑是传统礼乐文化的物化形式，不同时代的陵墓建筑反映了当时的文化思想和社会风貌，是集建筑、雕塑、绘画等为一体的综合艺术体。本讲主要分析中国古代陵墓建筑发展及文化特征。

一、陵墓建筑的发展

古代陵墓建筑的发展先后经历了墓而不坟、地面封土、宝城宝顶等发展过程，融入了中华礼制思想，地面建筑众多，神道悠长，空间序列复杂。

原始社会时期墓葬形式简单，挖土坑埋葬死者，不留地面标记，有单体葬、合葬等墓葬形式。在龙山文化墓坑遗址中发现了木板痕迹，显示出土坑木椁的雏形。

商代陵墓地面不起坟，奴隶主阶级墓葬深埋，出现墓道（羡道）、墓室、椁室等形式，河南安阳殷墟墓葬具有代表性。其中，妇好墓（图 5.1）是唯一保存完整的商代王室成员墓葬，墓室为长方形竖穴，随葬品极为丰富，地面排列有比较规整的柱洞，柱洞底部有卵石做柱础，推测上面为祭祀用的享堂。

春秋战国时期，陵墓地面出现封土，帝王陵墓上建享堂，陵墓建筑从单一的地下陵墓演变成地上坟丘、享堂和地下墓室

【家国情怀】

炎帝陵位于湖南省株洲市，上古有墓、西汉有陵、唐有奉祀、宋建陵庙、明定形制。炎帝陵祭祀是为纪念中华民族的人文始祖炎帝神农氏，受到海内外中华炎黄子孙关注，祭祀活动成为传承炎黄文化、国家民族团结统一的精神纽带。

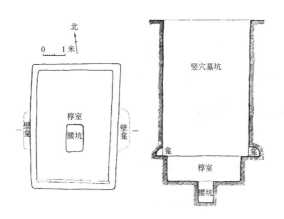

图 5.1　河南安阳殷墟妇好墓平面、剖面

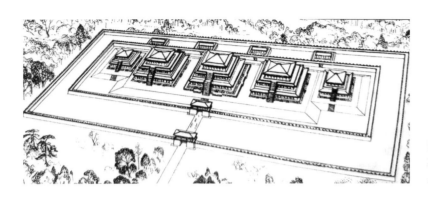

图 5.2　河北平山中山王陵墓铜板错银兆玉摹本鸟瞰复原图

部分。河北平山县战国平山王陵墓中出现的铜板错银兆玉图
（图 5.2）显示，陵园有两道陵墙环绕，5 座享堂并列一个土台上。
从战国中期开始，陵墓前建神道，石人、石狮、石象、石辟邪等
位列神道两旁。

　　秦始皇陵开创了中国封建社会帝王墓葬埋葬制度和陵园布局
先河。秦始皇营骊山陵，建方形截锥体陵台，周边有陵墙、兵马
俑坑、陵寝等建筑遗迹，逐步发展为此后历代帝陵的陵寝形制。

　　汉代帝陵建制依袭秦制，陵园四面有门阙和陵墙，设庙和寝
两部分，仿宫中"前朝后寝"之制。庙中藏神主，定期致祭，寝
殿中为亡帝生前使用的衣冠、几杖等用具，宫人在陵园守陵。汉
代贵族官僚墓前建有石响堂、石碑、石阙等，现存四川雅安的益
州太守高颐墓石阙雕刻精美，是研究汉代建筑艺术的珍贵遗迹。
西汉以前，帝王贵族陵墓用木椁（图 5.3）做墓室结构，不利于
长期保存。随着制砖技术的发展，空心砖、楔形砖、企口砖大量
用于墓室，筒拱技术成熟，砖石砌筑墓室（图 5.4）成为后世墓
室结构的主流，墓室内部整体性加强。

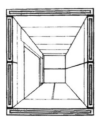
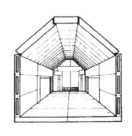

图 5.3　木椁（左）

图 5.4　汉代空心砖墓（右）

唐代帝陵（图5.5）因山为陵，气势雄伟，环绕在唐长安城周围，陵园中献殿建于陵园南门内，相当于庙，称为上宫，山下设寝殿，称为下宫，形成上下宫形制。唐帝陵继承汉帝陵墓陵门四出格局，但陵前神道加长，成为宋明时期神道布置的样本。

宋代帝陵规模不及汉唐帝陵，陵台缺乏庄严气势。北宋帝陵（图5.6）建于洛阳巩县（今巩义市），平面布局坐北朝南，由上宫、地宫、下宫等部分组成，围绕陵园建筑有寺院、庙宇等。南宋帝陵在浙江绍兴，属浮厝性质，较为简陋。

元代帝陵墓在地表挖深沟秘葬，不起坟，也无标志。明代帝陵形制有创新，地宫上起圆形土堆，称为"宝顶"，适应南方多雨气候，不致雨水侵入墓室，用圆形围墙包围，称为"宝城"，地面陵体由方形变为圆形，南侧建方城明楼。帝陵神道（图5.7）深远，帝陵共用神道，祭祀建筑串联在轴线上，形成多进院落，突出祭祀仪式的庄严隆重。清代帝陵陵制大体沿袭明制，但各陵神道分立。

【匠心技艺】

古代帝陵神道上布置石牌坊、碑亭、石像生等，是古代雕塑艺术的重要组成部分，雕刻精美，造型生动，是罕见的艺术精品，集中体现了当时的社会审美取向和高超的艺术水平。

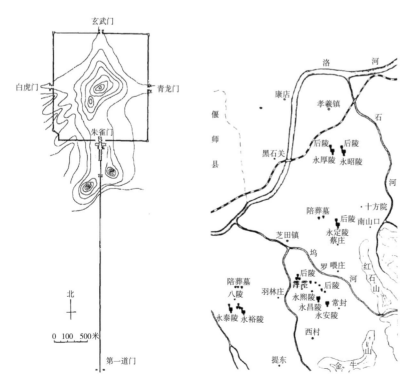

图 5.5 唐乾陵平面（左）

图 5.6 北宋皇陵位置示意图（右）

图 5.7　明十三陵神道

二、陵墓建筑的形制

古代帝王陵墓受传统文化影响，在发展过程中出现"方上""因山为陵"和"宝城宝顶"三种主要形制，蕴含丰富的文化心理特征。

（一）方上

"方上"是早期帝陵封土形式，为层层夯筑的覆斗方形坟台，秦汉陵墓呈方形，帝王是大地的主宰，按天圆地方的观念，取方形陵台。陕西临潼的秦始皇陵（图 5.8）和汉茂陵（图 5.9）都属于"方上"形制。

（二）因山为陵

以山峰作为陵墓的坟头，气象巍峨，营造出纪念性，体现帝王的至高无上的权威和宏大的气魄，同时可减少建筑人力，具

图 5.8　秦始皇陵"方上"平面图（左）

图 5.9　汉茂陵平面（右）

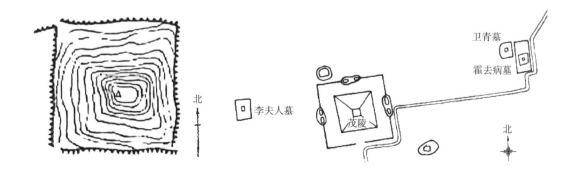

有防盗挖的作用。唐代帝陵采用了这一形制，关中十八唐帝陵（图5.10）依山为陵，扇形环绕在唐长安城周围，气势雄伟。

（三）宝城宝顶

宝城宝顶（图5.11）是明清帝陵封土形制，是在地宫上用砖砌成圆或椭圆形围墙，称为宝城，墙内填土夯实成穹隆状顶称宝顶。宝城宝顶由南向北形成多个方形院落，布置碑亭、祭殿、配殿、方城明楼等建筑。

图5.10 唐昭陵（左）

图5.11 帝陵宝城宝顶鸟瞰图（右）

【欣赏陵墓建筑】

古代帝王陵墓建筑作为帝王灵魂起居的地方，在规划布局、建筑内外无不体现着"视死如视生"的观念，也将"前朝后寝"布局融入建设中。

一、秦始皇陵

秦始皇陵（图5.12）位于陕西省西安市临潼区城东骊山北麓，始建于公元前246年（秦王政元年），历时39年建成，规模庞大，设计完善。陵园平面设内外两重夯土城垣，象征皇城和宫城，内侧城垣南部为覆斗形陵体（图5.13），底边周长约1700米，秦陵中还建有各式宫殿、兵马俑坑、铜车马坑、珍禽异兽坑以及陪葬墓等，规模之大为中国帝陵之冠，对后世陵墓制度产生深远影响。

【文化传承】

20世纪，考古学家在挖掘兵马俑时，由于当时保护技术缺乏，出土的彩色陶俑颜色立刻变为灰色，产生不可逆的后果。为此国家文物部门暂缓了秦始皇陵挖掘。2021年陕西省颁布修订后的《陕西省秦始皇陵保护条例》，加强对秦始皇陵的保护。古代帝陵是我国宝贵的历史文化遗产，对帝陵的保护与展示，就是保护传统文化，坚定文化自信。

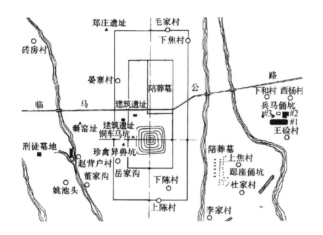

图 5.12　秦始皇陵平面

图 5.13　秦始皇陵陵体（左）

图 5.14　秦始皇陵兵俑（右）

兵马俑坑是秦始皇陵的陪葬坑，被誉为世界第八大奇迹。位于陵园东侧 1500 米处，出土陶俑（图 5.14）尺度与真人真马相似，气势恢宏、雕塑工艺高超，1987 年被列入《世界遗产名录》，世界遗产委员会评价秦始皇陵陶俑是现实主义的完美杰作。

二、唐乾陵

唐乾陵（图 5.15）位于陕西省咸阳市乾县北部，为唐高宗李治与武则天的合葬墓。乾陵坐落在梁山之上，凿山为穴，因山为陵，北侧主峰四周建两重陵墙，内墙设青龙、朱雀、白虎、玄武四门，南侧两座山峰作阙，气势恢宏，成为古代帝陵选址

图 5.15　唐乾陵鸟瞰

典范。阙内神道旁布置石狮、石马、碑刻、华表、蓄酉等形象，神道贯穿南北，坡向主峰，烘托氛围。

三、明十三陵

明十三陵（图5.16）坐落于北京市昌平区天寿山麓，是明代帝陵群。选址借鉴唐帝陵特点，东、西、北三面环山，南部敞开，中部为平原。每个帝陵正对一座山峰。十三陵共用总神道是明代特有做法，神道长约7000米，南侧为石牌坊，往北有大红门、碑亭、石像生等。十三陵地面建筑仿"前朝后寝"制度，长陵之前的祾恩殿为大明王朝的先帝亡灵接受后代帝后以及文武百官祭拜之处。明十三陵中规模最大最宏伟的是长陵（图5.17）和定陵。定陵地宫砌石拱券，结构坚实，四周排水设备良好，充分说明我国建造地下建筑的高超技术。

明十三陵选择群山环绕的环境，各帝陵协调地布置在一处。建筑与环境密切结合在一起，创造出庄严肃穆的环境。

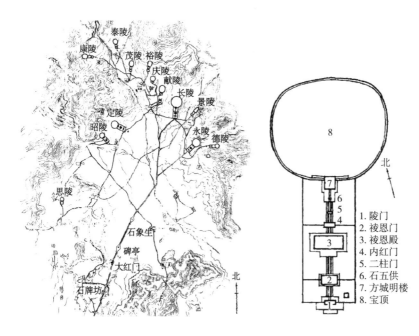

1. 陵门
2. 祾恩门
3. 祾恩殿
4. 内红门
5. 二柱门
6. 石五供
7. 方城明楼
8. 宝顶

图 5.16　明十三陵平面（左）

图 5.17　明长陵总平面（右）

【评价陵墓建筑】

西汉茂陵（图 5.18）位于陕西省咸阳市，是汉武帝刘彻的陵寝，规模居汉代帝王陵墓之最。结合本讲所学的知识，查阅相关资料，分析茂陵及其陪葬墓群布局特点。

图 5.18 西汉茂陵

茂陵布局特点：

陪葬墓群布局特点：

第6讲

宗教建筑

了解中国古代佛教、道教、伊斯兰教建筑的发展概况；熟悉中国古代三大宗教建筑的主要特征；掌握山西五台山佛光寺大殿、山西应县佛宫寺释迦塔、河南洛阳龙门石窟的建筑特征。

【观看手绘应县木塔】

请扫码观看《手绘应县木塔》视频。应县木塔建于公元1056年（辽清宁二年），是世界上现存最久、最高的木塔，塔高67.31米，外观五层，实际九层，平面呈八角形，塔上斗栱有近六十种，造型精美，结构受力良好，近千年仍屹立不倒，创造了木建筑建造的奇迹。

扫码观看
《手绘应县木塔》视频

【走近宗教建筑】

佛教、道教和伊斯兰教是我国三大宗教，在历史发展过程中，与我国传统木构建筑融合，形成了本土化的建筑样式。本讲主要分析三大宗教建筑发展及特征。

一、佛教建筑的发展

东汉初期，佛教由古印度沿丝绸之路传入我国，沿途建佛寺、佛塔，开凿石窟，传扬佛法。史籍记载东汉明帝时洛阳建白马寺，佛寺布局仿印度寺庙样式，以佛塔为中心的方形庭院（图 6.1）。早期印度佛塔为砖石土垒筑的圆形坟冢称窣堵坡。传入我国后，与传统木构建筑融合，形成多层木楼阁式佛塔，东汉末年徐州的浮屠寺佛塔就是此种类型。

两晋、南北朝时期，士大夫"舍宅为寺"，佛教建筑得到很大发展。北魏洛阳永宁寺为典型的"前塔后殿"式布局样式（图 6.2）。云冈石窟、龙山石窟、敦煌石窟寺始建于这一时期，石窟中设塔心柱，和室外以塔为中心的布局类似。石窟中佛像、壁画雕刻精美，达到了很高的艺术水准。石窟中的建筑形象、雕刻、壁画等为研究古代建筑发展提供了重要素材。

隋唐、五代到宋辽金时期是中国佛教发展的鼎盛期，唐代佛寺分为皇家自建、州建、贵族富商建及地方建四类，出现大量佛

【匠心技艺】

永宁寺塔（图 6.3）是北魏洛阳城内标志性建筑，是专供皇帝、太后礼佛的场所。九层方塔位于三层台阶之上，塔高推算可达 136.7 米，是古代最高佛塔，显示了古代工匠的高超木构技艺。

【文化传承】

中国佛寺的双塔布局是佛寺以佛塔为中心向以佛殿为中心布局的过渡形式，是佛教建筑本土化的产物，这种布局影响到韩国庆州佛国寺、日本法隆寺等亚洲佛教寺院。

【创新创造】

上海金茂大厦主楼 88 层，高 420.5 米，造型灵感来自中国佛塔造型，设计师在研究了 2000 多座佛塔后，确定了从至上逐节变小，圆润敦厚的高层建筑形象，成为 20 世纪我国高层建筑的代表作，展现了中国传统木构文化在现代建筑中的传承创新。

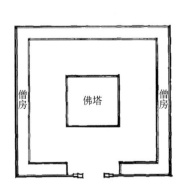

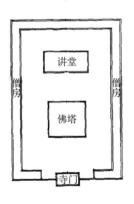

图 6.1 佛塔为中心式布局（左）

图 6.2 "前塔后殿"式布局（右）

殿、佛塔、石窟寺。佛寺仿宫殿布局形式，采用对称式布局，中轴线上布置山门、莲池、佛阁、大殿等建筑，佛殿开始代替佛塔成为寺庙的中心，佛塔建在侧面或另建塔院，福建开元寺佛殿前布置东西塔，是典型的双塔布局。佛塔造型上有楼阁式塔、密檐塔、单层塔、金刚宝座塔等多种形式，唐代大雁塔（图6.4）是现存最早的楼阁式砖塔。

元代藏传佛教盛行，俗称喇嘛教，盛行于西藏、内蒙古、新疆等地，西藏地区藏传佛教寺庙代表有西藏布达拉宫（图6.5）、拉萨大昭寺等，普遍用厚墙的城堡建筑样式，除佛殿、经堂、喇嘛住所外，还设置了僧学院，称"扎仓"。藏传佛教佛塔又称"喇嘛塔"，现存北京妙应寺白塔（图6.6）、呼和浩特席力图召塔为藏传佛教喇嘛塔。

明清时期佛寺布局更加规整，沿轴线布置山门、钟鼓楼、天王殿、大雄宝殿、藏经楼等建筑，方丈、僧舍、斋堂等布置在寺

图6.3 北魏永宁寺复原想象图（上左）

图6.4 西安慈恩寺大雁塔（上右）

图6.5 西藏布达拉宫（下左）

图6.6 北京妙应寺白塔（下右）

的一侧，形成多进院落式布局，佛塔已很少建。我国大部分地区佛教建筑是北传大乘佛教建筑，多雄健。南传小乘佛教主要集中在云南西双版纳等地区，小乘佛教建筑（图6.7）多秀丽。

图6.7　云南景洪市飞龙山白塔林

二、道教建筑的发展

　　道教产生在我国，奉老子《道德经》为经典，将道称为最高信仰，对中国古代政治、经济、文化思想等方面产生深远影响。道教建筑是修道、传教的建筑物，称为宫、观、庙等，布局仿照中国传统宫殿布局，轴线上串联布置神殿、禅堂、园林等，建筑规模较佛寺偏小。

　　唐宋时期，道教兴盛，各地建设道教宫观千余座。元代以后，道教诸多流派逐渐合流，形成了北方全真道、南方正一道为中心的格局。目前遗留下来的元代道观有山西芮城的永乐宫（图6.8），为纪念八仙之一吕洞宾而建，是我国现存规模最大的道教宫观，构造严谨，装饰精美。永乐宫轴线上排列宫门、无极门、三清殿（图6.9）、纯阳殿和重阳殿，东西不设配殿，建筑内部多用"减柱造"，空间开敞，显示了辽金工匠的高超建筑技艺。永乐宫除了精美的建筑，还存有古代壁画精品（图6.10），具有极高的艺术价值。

　　道教建筑融绘画、雕塑、书法、园林等诸多艺术为一体。除建筑外，亦开凿石窟，摩崖造

【匠心技艺】

　　永乐宫原址在当时计划修建的三门峡水库的蓄水区，为修建三门峡水库，整体搬迁至芮城龙泉村。搬迁永乐宫及1000多平方米的室内壁画难度极大，我国文保工作者克服困难，默默奉献，无数次的研究、试验，直至成功，一切都是首创。这项古代建筑和艺术壁画搬迁工程，创造了人类历史上迁建大型古建筑群及壁画的奇迹，也体现了众多文保工作者甘于奉献的首创精神。

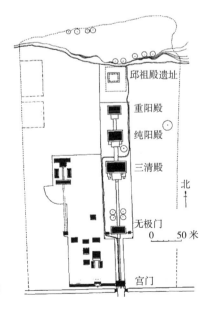

图6.8　山西芮城永乐宫平面

像造型生动，我国的道教圣地有江西龙虎山、江苏茅山、湖北武当山、山东崂山，成为道教文化传播的重要组成部分。

图 6.9 永乐宫三清殿（左）

图 6.10 永乐宫壁画（局部）（右）

三、伊斯兰教建筑的发展

伊斯兰教创立于公元 7 世纪初，与佛教、基督教并称世界三大宗教，唐代由西亚传入我国，为回族、维吾尔族等人民信仰，中国的伊斯兰教建筑，主要包括清真寺、教经堂、教长墓等类型，长期发展过程中，融合了中国木构建筑的特点。

与佛教、道教建筑不同，伊斯兰清真寺礼拜殿内不设偶像，礼拜殿朝东，仅有朝向圣地麦加的神龛，朝拜者面向西方。清真寺内常建有邦克楼（图 6.11），用以召唤信徒礼拜。建筑常用砖、石砌筑，装饰上不用动物、人像装饰，将植物、经文、几何图案和边框等巧妙装饰（图 6.12），崇尚繁复。

图 6.11 清真寺邦克楼（左）

图 6.12 清真寺墙面装饰（右）

　　我国早期清真寺保有一定外来建筑元素，中国最早创建的四大著名清真寺之一泉州清净寺（图6.13），元代重建，仿照叙利亚大马士革伊斯兰教礼拜堂建筑形式，立面用石砌，有一尖发券形式的拱门，轮廓柔美，现存主要建筑为门楼、礼拜殿等部分。后期建造的清真寺吸收中国木构建筑特征，布置若干进院落。早期砖石砌礼拜殿逐渐转变为木构殿堂，前后殿堂屋顶连接形成"勾连搭"形式，成为内地清真寺典型建筑形制，砖砌邦克楼也变为中国传统的木结构楼阁，以上实例见于北京牛街清真寺（图6.14）、西安化觉寺清真寺等。

图 6.13　泉州清净寺（左）

图 6.14　北京牛街清真寺（右）

【欣赏宗教建筑】

　　宗教建筑凝聚着各族人民的智慧和创造精神，形成了类型多样的空间艺术珍品，反映当时建筑文化的发展水平，是建筑艺术宝库中最具特色的类型。

一、五台山佛光寺

　　佛光寺（图6.15）建于唐代，位于山西省五台县，佛寺东南北三面有山环绕，西面敞开，佛寺建筑顺应地形，布置在三层平台上，最高平台处为唐代建筑佛光寺大殿，山门处的文殊殿为金代建筑，寺中还有唐代无垢净光塔及石经幢。

　　佛光寺大殿（图6.16）建于唐大中十一年（公元857年），是我国现存最大的唐代木构建筑，大殿坐落在一层台基上，面阔

【家国情怀】

　　梁思成先生称佛光寺大殿为中国第一国宝，打破了20世纪初日本建筑史学者的断言："中国境内已不存在唐代木构建筑，想看唐代木构还得去日本的京都和奈良。"

　　受到敦煌壁画中"大佛光之寺"的启示，当时依然患病的梁思成、林徽因夫妇带助手即刻前往山西五台山，一路艰辛跋涉，终发现并证实了中国存在的唐代木构建筑佛光寺大殿，轰动当时中外建筑学界，佛光寺也被外国学者称誉为"亚洲佛光"。

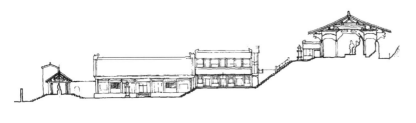

图 6.15　山西五台山佛光寺剖面图

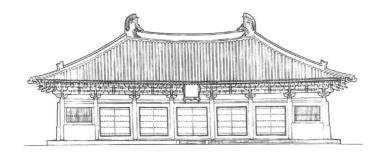

图 6.16　佛光寺大殿立面

七间，进深四间，立面柱高与檐柱间距几乎相等，形成舒展的建筑立面。平面上内外两圈柱网将空间划分为两部分，是宋代《营造法式》记载的"金厢斗底槽"地盘形式。大殿柱子雄健有力，上端缩小称为"卷杀"，其中外侧檐柱从立面中心向两端逐渐升高，屋顶檐口形成了柔和的曲线。屋檐下斗栱硕大，斗栱高度约为柱高的 1/2，斗栱悬挑大，屋顶出檐深远（图 6.17）。大殿内佛像雕塑（图 6.18）服饰简洁，雕线流畅，反映了唐代特有风格。佛光寺大殿集建筑、雕塑、壁画、题记为一体，被梁思成先生称为"四绝"，对研究唐代历史和艺术具有很高价值。

图 6.17　佛光寺大殿斗栱（左）

图 6.18　佛光寺东殿室内雕塑（右）

二、应县木塔

　　应县木塔又称佛宫寺释迦塔，位于山西省应县，建于辽清宁二年（1056 年），是我国现存最早的楼阁式木塔，位于寺庙大殿之前，是"前塔后殿"格局（图 6.19）。

　　应县木塔（图 6.20）建在两层砖台基上，平面呈八角形，底部直径约 30 米，塔高九层，外观五层，还有四个暗层，总高度67.31 米。塔首层两层檐口，檐柱外设有回廊，是《营造法式》中的"副阶周匝"形式，上部楼层建有平坐暗层，有斜向木构件交接，类似斜撑，增加了木塔结构的稳定性及抗震能力。塔的上层檐柱向内收半个柱经，插在下层斗栱中，是《营造法式》中的叉柱造，形成逐层内收的立面形象。全塔有斗栱（图 6.21）60 余种，是我国古代使用斗栱种类最多的木构建筑。

图 6.19　佛宫寺"前塔后殿"格局

图 6.20　应县木塔外观（左）

图 6.21　应县木塔斗栱（右）

三、龙门石窟

　　南北朝时期，佛教石窟传入我国，北方地区建了不少石窟。我国四大石窟有龙门石窟、莫高窟、云冈石窟和麦积山石窟，其中龙门石窟造像多，雕刻艺术精美，被联合国教科文组织评为"中国石刻艺术的最高峰"。

　　龙门石窟位于河南洛阳伊水两岸，开凿始于北魏孝文帝年间，至唐代更是开凿了大量石窟；石窟造像多为皇家贵族所建，历经千余年的营造，呈现中国本土化特征，石窟艺术甚至传到亚洲朝鲜、日本等国，如韩国的石窟庵。龙门石窟中未见早期的塔心柱、洞口柱廊等形象，洞平面多为方形，窟内建较大佛像。奉先寺是龙门佛寺之一，南北宽 30 米，东西长 35 米，在其南侧建设的卢舍那像（图 6.22）高约 17 米，气势恢宏，对日本东大寺佛像的建造产生了影响。

图 6.22　龙门石窟佛像

【评价宗教建筑】

　　独乐寺位于中国天津市蓟县，为辽代寺院，现存山门（图 6.23）、观音阁（图 6.24）及一些附属配殿建筑，梁思成先生曾称独乐寺为"上承唐代遗风，下启宋式营造，实研究中国建筑蜕变之重要资料，罕有之宝物也"。结合本讲所学的知识，查阅相关资料，分析山门、观音阁建筑特色。

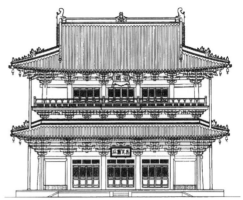

图 6.23　独乐寺山门（左）

图 6.24　独乐寺观音阁立
面（右）

山门特色：

观音阁特色：

第 7 讲
园林建筑

了解中国古代园林的发展概况；熟悉中国古代皇家园林、私家园林的造园特色；掌握颐和园、拙政园等著名园林的布局及设计手法。

【观看手绘与谁同坐轩】

请扫码观看《手绘与谁同坐轩》视频。与谁同坐轩位于拙政园，取意苏轼《点绛唇·闲倚胡床》："闲倚胡床，庾公楼外峰千朵，与谁同坐？明月清风我。"轩依水而建，造型精美，凭栏远望，美景尽收眼底，成为园林建筑中的精品。

扫码观看
《手绘与谁同坐轩》
视频

【走近园林】

在中国传统建筑中，古典园林独树一帜，深浸着崇尚自然、亲近自然的文化传统，是中国五千年文化史造就的艺术珍品。本讲主要分析中国古典园林的发展及特征。

一、园林的发展

中国古典园林是人工中见自然，正如明代造园家计成在《园冶》中对园林的概括——"虽由人作，宛自天开"，体现了中国古代"天人合一"的审美观。

商周时期，人们将山丘或林茂之地围起来，放养禽兽，供帝王狩猎，称为"囿""苑"，同时在土筑高台上建房子，称为"台榭"，供帝王登高远眺。秦汉时期园林多以自然风光为主，面积极大，包括了部分宫室建筑，以西汉长安西郊的上林苑为规模最大，周长 100 余公里，里面有离宫 70 多所；同时御苑中建筑与山水有机融合，西汉长安建章宫北侧的太液池，池中筑假山三座，形成了皇家园林"一池三山"的定制（图 7.1），传承 2000 余年。

两晋南北朝是中国古典园林的转折期，长期的封建割据使人们饱受战乱痛苦，开始追求回归自然。受到道家思想、传统绘画及书法的影响，园林追求返璞归真，以自然美为核心，将自然山水进行概括、提炼和抽象，园林功能由游猎转向游赏，追求视觉美的享受。此时的私家园林也逐步发展，文人名士纷纷建园。当时佛教的兴盛也对寺观园林发展起到促进作用。此外，皇家园林成为都城规划的重要组成部分，园林规划上升到艺术创作的境界。明代画家文徵明创作的《兰亭修禊图》（图 7.2）描绘了东晋永和九年，王羲之、谢安等名士在兰亭溪上修禊，图中园林环境静谧，意境深远。

唐代园林兴盛，造园手法精致，皇家园林、寺观园林及私家园林均有发展，位于长安城东南的曲江一带是长安城公共游览

【文化传承】

《园冶》为明末造园家计成所著，公元 1634 年刊行，反映了中国古代造园的成就，总结了造园经验，是中国造园艺术的传世经典，也是世界首部造园学专著，被日本宫廷评价为"开天工之作"，被欧美国家奉为"生态文明圣典"，《园冶》的海内外版本和译本几十种，对后世影响极为深远。

【文化传承】

公元 6 世纪起，中国园林传入日本，直接影响了日本园林的类型、造园手法，受到中国佛教禅宗思想及山水画的影响，日本园林出现枯山水的园林样式，如建于日本京都龙安寺的枯山水庭园。

场所，对后代城市规划产生深远影响，如宋代临安的西湖与之类似。宋代园林规模不大，皇家园林有大内御苑、行宫御苑，以艮岳（图7.3）为代表。此外，园林在用石方面颇有研究，选石注重"瘦""透""漏""皱"。大批文人、画家参与园林建设，使得园林山水意境更加凸显。

　　明清是中国古典园林的鼎盛时期，造园艺术趋于成熟，也诞生了中国园林理论经典著作《园冶》。清代皇家园林最为突出，以北京西郊的三山五园——万寿山、香山、玉泉山（图7.4）、颐

图 7.1　建章宫平面（左）

图 7.2　文徵明《兰亭修禊图》（右）

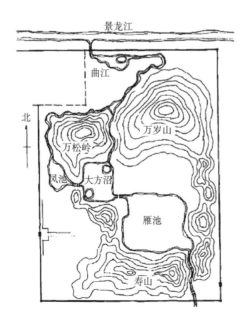

图 7.3　宋代艮岳平面设想图

和园、静宜园、静明园、畅春园和圆明园为代表，规模大，疏密有致，气势宏大，运用园中园，效仿各地名园。私家园林造园手法多样，在有限的空间内创造无限意境，以苏州、扬州等地的江南名园为代表，江南四大名园有江苏南京的瞻园，苏州的留园（图 7.5）、拙政园和无锡的寄畅园。

图 7.4　玉泉山（左）
图 7.5　留园（右）

二、园林的分类及特征

　　我国地域辽阔，园林在发展过程中形成了江南、北方和岭南三大园林风格。江南园林典雅秀丽，多集中在苏州、杭州、扬州、无锡等地，尤以苏州为多，园林常与住宅结合，成为住宅功能的延伸，由于江南水乡的自然条件，有利于理水叠石，水石相映（图 7.6），构成园林主题。北方园林宏大精致，皇家园林居多，多集中于北京、西安、洛阳、开封等古都，尤以北京为代表，因地域天然水系较少，建造时常集中大量人力开挖湖泊，规模宏大。岭南园林多处于山水秀丽、层峦叠翠、终年常绿的珠三角地区，环境风物别具特色，景观层次多样，园林建筑物宽敞、通透、朴实，有著名的广东顺德的清晖园、东莞的可园（图 7.7）、广州番禺的余荫山房等。

（一）皇家园林造园特色

　　中国皇家园林是帝王生活环境的重要组成部分，体现着帝王威严、皇家气派，在造园上具有以下特色。

皇家园林建筑体量巨大，建筑群布局气势宏大，木构建筑多采用官式做法，建筑屋顶、立面色彩以及内部陈设富丽堂皇，尽显皇家气派（图7.8）。

皇家园林水面辽阔，堆土为山，建筑数量、体量大，渗透着皇权至尊的礼法制度。由于规模大，多采用"园中园"，布局疏密有致，模仿各地名园于一园，模仿对象有名山、名水、公共景观建筑、祠庙等。北海中的濠濮间、画舫斋（图7.9）都是"园中园"。颐和园的园中园谐趣园（图7.10）则模仿了无锡寄畅园。皇家园林圆明园、颐和园、避暑山庄等几大御苑中多模仿江南名园景观、名胜风景区，如颐和园与杭州西湖风景区水面布局类似。

图7.6　苏州网师园（左）

图7.7　东莞可园（右）

图7.8　颐和园后山建筑群

（二）私家园林造园特色

私家园林是王公贵族、富商、士大夫等私人所建的园林，规模较皇家园林小，以修身养性，闲适自娱为主，在造园上具有以下特色。

私家园林在有限的空间中创造无限意境，将全园划分成若干个景区，景区主题突出，多样统一，创造可看、可游、可居的多样体验。如苏州留园分为东、北、西、中四部分，西区以山池为主，东区以建筑庭院为主，形成对比，相互联系为整体。同时，私家园林利用园内外环境特色，通过对景、借景手法，丰富了景观层次，如无锡寄畅园（图 7.11）中可以看到东南锡山上的龙光塔，将园外景观引入院内，增加了景观深度。

图 7.9　北海的画舫斋（左）

图 7.10　颐和园的谐趣园（右）

图 7.11　无锡寄畅园

每个景区中的要素组织有序，山与水、建筑与建筑，建筑与环境间的关系相互包含，达到和谐共生。建筑群空间序列多变，主要景点与建筑的轴线朝向多有对位关系。叠山选石上颇有特色。苏州环秀山庄（图7.12）以假山堆叠奇巧闻名于世，假山分主山、次山，是清代叠山大师戈裕良的作品。理水方面，通过桥、池岸处理划分为大小主次的水面，苏州拙政园（图7.13）水面占全园面积约1/5，水面被分割成不同区域，形成多样意境氛围。此外，造型多样的馆、轩、榭、舫、亭等建筑样式及楹联、匾额、花木等，进一步丰富了园林主题。

【文化传承】

18世纪，英国著名建筑师和风景园林师钱伯斯两度造访中国，研究中国园林艺术，编写了《东方造园论》，使得中国园林艺术在欧洲得到广泛传播，深刻影响了欧洲的造园艺术，欧洲兴建了不少中式园林，如英国的邱园，现为英国皇家植物园组成部分。

图7.12　环秀山庄（左）
图7.13　拙政园（右）

【欣赏园林】

中国造园有着悠久的历史和高深的造诣，中国古典园林被举世公认为世界园林之母，被西方国家所推崇和模仿，成为人类文明的重要遗产。

一、颐和园

颐和园（图7.14）为中国四大名园之一，位于北京西北郊，风景优美，与圆明园相毗邻，是皇家园林的代表，被誉为"皇家园林博物馆"。历经金、元、明、清朝代的扩建，逐步形成当前"前湖后山"布局，模仿杭州西湖，水面辽阔，建筑群布局有序。全园面积2.97平方公里，水面约占3/4。主要分为南侧湖面、万寿山前山、万寿山后山后湖及万寿山东部的朝廷宫室四部分。

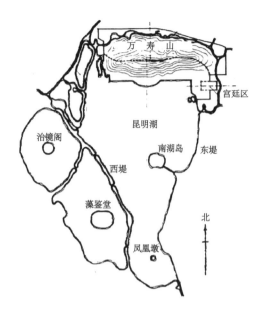

图 7.14 颐和园总平面

南侧湖面由昆明湖、南湖和西湖组成，水面开阔，湖面通过堤岸划分，东面湖中建南湖岛，以十七孔桥与堤岸相连，西面湖中亦有小岛两处，是"一池三山"园林模式。

万寿山前山自然开阔，山上佛香阁（图 7.15）、排云殿沿轴线布局，成为构图中心。佛香阁为八角形三层楼阁，是全园最高点，南侧湖面景色尽收眼底。排云殿建在高台上，是礼佛之所，由多间房屋组成，是颐和园最壮观的建筑群。

万寿山后山林木茂盛，溪流婉转，富于江南园林意境，与前山开阔之势形成对比。后山的谐趣园（图 7.16）模仿江苏无锡寄畅园，以水为中心环以轩榭亭廊，是典型的"园中园"做法。此

图 7.15 颐和园佛香阁（左）

图 7.16 颐和园后山谐趣园（右）

外，后山建有一组藏式佛寺称须弥灵境，沿轴线布局，建筑高低
错落，分布在不同平台上。

万寿山东部朝廷宫室部分，采用轴线对称式院落组合，布局
严谨，体现皇家气派，仅屋顶多用灰瓦卷棚，园林气息较弱。

二、苏州拙政园

拙政园（图7.17）建于明代，是江南古典园林的代表作品，
后经过多次改建，形成当前面貌。园址位于苏州城东北，面积约
4公顷（约合62亩），分为东、中、西三部分，中部区域为全园精
华所在，以水为主，环以树木、亭台楼阁临水而建，意境深远。

原有园门位于南侧，经过曲折的窄巷，看到一座黄石假山，
继续绕山，忽见远香堂、南轩及开阔水面，顿时豁然开朗，此景
运用了古典园林常见的欲扬先抑手法。

园中部以水池为中心，池水面积约占1/3，建筑临水而建，
错落有致。池南远香堂（图7.18）为主要建筑，四周围以落地长
窗，是四面厅做法，可环顾四周景物，堂南叠黄石假山。池中为
东西土石山，将水面分为南北两部分，山上遍植林木，顺山而
上，西侧可到雪香云蔚亭，与东侧待霜亭互为对景。

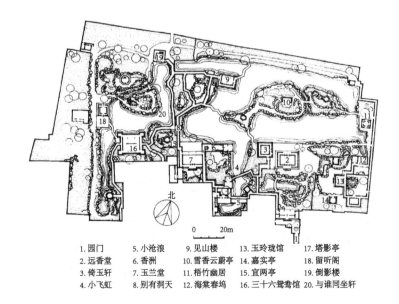

北

0   20m

1. 园门　　　5. 小沧浪　　9. 见山楼　　13. 玉玲珑馆　17. 塔影亭
2. 远香堂　　6. 香洲　　　10. 雪香云蔚亭　14. 嘉实亭　　18. 留听阁
3. 倚玉轩　　7. 玉兰堂　　11. 梧竹幽居　15. 宜两亭　　19. 倒影楼
4. 小飞虹　　8. 别有洞天　12. 海棠春坞　16. 三十六鸳鸯馆　20. 与谁同坐轩

图7.17　拙政园平面图

远香堂东侧小山上是绣绮亭，绕过小山是听雨轩、海棠春坞及玲珑馆组成的庭院，游廊连接，穿插漏窗、门洞，在有限的空间中形成多样的空间层次。

远香堂西南为小沧浪水院，环境幽静，是观赏水景的绝佳处。小沧浪为南窗北槛式水阁，由小沧浪北望，廊桥"小飞虹"（图 7.19）倒映水面，透过栏杆，看见远处山上的荷风四面亭，景观层次丰富。

图 7.18　远香堂与南轩（左）

图 7.19　小飞虹（右）

【评价园林建筑】

留园位于江苏省苏州市姑苏区，为古典私家园林，以建筑艺术、奇石（图 7.20）著称，与苏州拙政园、北京颐和园、承德避暑山庄并称中国四大名园。结合本讲所学的知识，查阅相关资料，分析留园园林布局及建筑特色。

园林布局：

建筑特色：

　　苏州博物馆（图 7.21）位于太平天国忠王李秀成王府遗址，由华裔建筑大师贝聿铭在 85 岁时设计，是融汇中国古典园林艺术的建筑精品，结合本讲所学的知识，查阅相关资料，分析苏州博物馆蕴含的现代性及地域性表达。

图 7.20　留园冠云峰景观（左）

图 7.21　苏州博物馆（右）

　　现代性：

　　地域性：

第 8 讲
住宅与聚落

了解我国住宅建筑的发展概况；熟悉窑洞、土楼、碉楼、毡包等民居类型的特点；掌握北京四合院建筑特征及安徽宏村等古村落布局智慧。

【观看手绘一颗印住宅】

请扫码观看《手绘一颗印住宅》视频。一颗印住宅是云南地区的一种住宅形式，住宅外观方整，很少开窗，如一块印章，俗称"一颗印"。最常见的宅制是"三间四耳"，即正房三间，左右各有耳房两间，房屋两层，中央是天井采光，布局紧凑，可单建或并排，与地区气候环境相适应。

扫码观看
《手绘一颗印住宅》
视频

【走近住宅聚落】

　　住宅是人类最先有的建筑类型，从石器时代的穴居、巢居，逐步发展为地面院落式布局，随着农业的发展，人们集中居住的区域形成聚落。本讲主要分析中国传统住宅及聚落的发展及特征。

一、住宅聚落的发展

　　旧石器时代，人类为了生存和防御野兽的攻击，利用天然岩洞或树木上建草屋，作为休息之所，现存遗址有北京龙骨山周口店岩洞（图8.1）等。到了新石器时代，随着人们捕猎技术的提高，食物来源的稳定，形成了最初的聚落，如浙江余姚河姆渡遗址是最具典型性的农耕遗址，反映了当时的居住生活。在漫长的住宅发展过程中，形成了与地域气候环境相适应的居住形式，也成为维系家族血缘的纽带，出现祠堂、庙宇、园林景观，强化了聚落的联系。陕西岐山凤雏村出土的西周住宅遗址（图8.2），是我国已知最早、最严整的四合院，沿轴线上依次为影壁、大门、前堂、后室，形成二进院落，布局严整，体现了当时的生活方式与思想观念。

　　春秋时期士大夫住宅形成庭院布局，入口门屋三间，左右为塾，中间为门，入门后为一方形庭院，正对生活起居的堂及厢房，后为寝。

图 8.1　北京龙骨山周口店岩洞遗址（左）

图 8.2　陕西岐山凤雏村西周住宅遗址复原图（右）

图 8.3　汉代明器 L 形住宅（左）

图 8.4　汉代明器 "口"字形住宅（右）

　　汉代住宅继承和发展了庭院式布局，形成三合院、L 形院（图 8.3）、"口"字形院（图 8.4）、"日"字形院等庭院。规模较大的住宅，向左右或前后扩展，形成多重院落。

　　北魏和东魏时期，住宅的布局及装饰细节多样化，出现大型厅堂和庭院回廊组合，贵族住宅大门出现庑殿式顶及鸱尾，围墙上有直棂窗装饰。

　　隋唐五代时期，住宅区为封闭的里坊制，坊墙内住宅模仿宫殿建筑布局中的"前朝后寝"制度，形成前堂后室回廊式庭院，相对规整。到宋代经济文化繁荣，随着城市街巷制布局代替里坊制，城市住宅形式开始多样化，《清明上河图》中北宋东京的住宅（图 8.5）布局自由，高低错落，廊屋渐多，照壁相隔，形成标准的四合院。

　　元代住宅正房平面多有工字形平面，与左右厢房分离。明清时期，住宅基本定型，北方地区住宅多以南北轴线串联多进院落，以北京四合院为代表；江南地区住宅与山水环境结合，形成住宅与园林结合的布局，创造宜人居住环境。

图 8.5　《清明上河图》中的城市住宅

二、民居的分类及特征

我国地域辽阔，民族众多，各地不同的自然地理气候条件及生活方式，造就了种类众多的民居类型，有窑洞、土楼、碉楼、毡包等，共同描绘出人们最真实的生活图景。

（一）窑洞

窑洞主要流行于黄土高原和干旱少雨、气候炎热的吐鲁番一带，根据地区地形特征，人们创造出的窑洞形式主要有靠崖窑（图8.6）、地坑窑（图8.7）和锢窑三种形式。靠崖窑应用较多，利用质地密实的天然土壁挖出券顶式横穴。窑洞由于有厚厚的黄土覆盖，冬暖夏凉，舒适节能，是一种被动式建筑，体现了居民因地制宜的建造智慧。

（二）土楼

土楼主要分布在福建、广东及赣南一带，多为客家住宅，具有防御性。土楼的建造，居民充分利用当地地理、气候条件，用该地区山地盛产的硬木构建多层房屋结构。墙体采用当地黏质红壤、糯米、红糖作为天然的凝固剂，加之砂石、石灰，可以形成厚实坚固高大的墙体。在发展过程中土楼形成了方楼（图8.8）、圆楼（图8.9）、五凤楼等类型，给人以美的视觉享受。

（三）碉楼

碉楼（图8.10）主要分布在西藏、青藏高原、内蒙古地区，外观似碉堡。早在汉代，西南边疆地区就建立了碉楼，碉楼楼层

> **【扩展思考】**
>
> 地坑窑的矮墙具有什么作用呢？
>
> 窑洞的矮墙是女儿墙的一种形式，主要作用一是防止雨水冲刷窑洞墙面，延长窑洞使用时间；二是出于安全考虑，防止窑洞上的行人失足坠落。另外，窑洞女儿墙多用砖石砌筑图案，具有一定的装饰作用。

图 8.6 靠崖窑（左）
图 8.7 地坑窑（右）

为木构密梁，外墙为具有收分的石墙，取石于当地山区，加工方便。碉楼竖向功能上，屋顶多做晒台，上层堆物，中层住人，底层养牲畜，功能分区明确。位于广东的开平碉楼（图8.11）集防卫、居住为一体，建筑立面吸收了古希腊、古罗马及伊斯兰等风格样式，具有中西建筑装饰艺术特色。

图8.8 方楼（左）

图8.9 圆楼（右）

（四）毡包

毡包（图8.12）主要分布在内蒙古、新疆地区，多为蒙古族、哈萨克族等游牧民族使用，适应逐水而居的生活方式，安装及运输快捷，便于迁徙。毡包由天窗、顶架、围壁三部分组成圆形骨架，外罩羊皮或毛毡，绳索缠绕勒紧（图8.13）。毡包契合游牧民的生产生活、风俗习惯及审美意识，从元代开始出现定居式毡包。

图8.10 碉楼（左）

图8.11 广东开平碉楼（右）

图 8.12 毡包（左）

图 8.13 毡包剖视图（右）

【欣赏住宅聚落】

中国南北方地理气候条件、生活方式不同，形成了富有地方特色的住宅。下面将展示几个经典民居，请大家欣赏。

一、北京四合院

北京四合院（图 8.14）是北方地区院落住宅的代表，体现了尊卑分明的礼制思想，沿南北轴线上形成两进、三进等院落空间，或横向发展形成跨院，秩序井然。

前院空间较小，是对外接待区，作为客房、客厅之用。大门位于东南，门内外分设影壁，具有遮蔽及装饰作用，入门左转进入前院，院南侧为倒座，西部小院内设厕所。前后院墙之间设垂花门（图 8.15），是内外空间的转换节点。垂花门上檐柱不落地，柱上雕刻花瓣、莲叶，华丽精美，是宅主人身份的象征。

【创新创造】

2012 年我国建筑师王澍获得了有"建筑界的诺贝尔奖"之称的普利策建筑奖，成为获得该奖项的第一个中国人。王澍的作品根植当地的文化底蕴，对古代民居材料、符号有创新设计。例如宁波历史博物馆利用屋顶瓦片、废弃砖等回收材料进行立面设计，来体现地域文化的归属感。

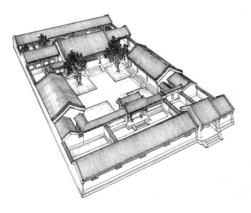

图 8.14 北京四合院鸟瞰（左）

图 8.15 北京四合院垂花门（右）

内院空间是家庭日常生活的场所。依据尊卑长幼关系，北侧正房供长辈起居，房屋规模、高度是全宅之最；正房前左右两侧为东、西厢房，是晚辈居住处。院中常设抄手游廊连接正房、厢房和垂花门，方便家人雨雪天行走。庭院多铺砌条砖，栽植花木，摆放盆景，成为家人室外活动娱乐的地方。

穿过内院，进入后院，为后勤服务区域，主要建筑为后罩房，布置厨房、库房、仆役住房等空间，院内有井，部分住宅设置后门。

四合院主要建筑为砖砌硬山式，个别次要房间使用平顶，墙体坚固，建筑色彩以青色、灰色为主，内部装修、雕饰、彩绘朴素端庄。

二、安徽宏村

宏村（图 8.16）位于安徽省黟县宏村镇，黄山西南麓，建于南宋绍兴年间，后经历代扩建，形成人与环境和谐共生的传统聚落。村落在选址、空间布局及建筑等方面显示出高超的人居智慧。

图 8.16　安徽宏村俯视图

宏村在选址上尊重自然、利用自然，三面环山，南有湖面，位于山水环抱的中央，形成背山面水之势，成为宗族发展的理想之地。村落以月沼为中心展开，月沼北侧为汪氏宗祠，是延续宗族精神的空间场所。民居高低错落，坊巷弄纵横交错，形成网络式的街巷空间格局。

宏村形成了以水圳、月沼、南湖为主的牛形水路系统。雷岗为"牛首"，东西错落的民居如"牛躯"。水系经过"牛胃"月塘后，流向"牛肚"南湖（图 8.17）。绕村的河溪上架桥，作为"牛腿"。宏村发达的水系环境为居民提供了生产、生活用水，同时营造了怡人的水乡环境。

宏村现存明清民居百余幢，是典型的徽州建筑，粉墙黛瓦，屋顶檐角飞翘，雕刻精美，是古民居建筑博物馆。宏村承志堂占地 2000 余平方米，木构建筑，有 9 个天井，房间 60 间，气势恢宏。内部砖、石、木雕装饰精美，富丽堂皇。最具特色的马头墙、天井院落无不体现着地域文化，造就了宏村"中国画里乡村"之称。

> **【扩展思考】**
>
> 马头墙亦称封火墙，是徽派建筑的重要结构，指山墙的墙顶部分，一般高于两山墙屋面，形状酷似马头，故称"马头墙"。错落有致的马头墙造型美观，既可防火，又可防风。

图 8.17 安徽宏村南湖

【评价住宅】

吊脚楼（图 8.18），也称"吊楼"，为苗族、壮族、布依族、侗族、水族、土家族等族传统民居，在桂北、湘西、鄂西、黔东

南地区居多。结合本讲所学的知识，查阅相关资料，分析吊脚楼
的产生的环境因素、楼层功能及美学价值。

环境因素：

楼层功能：

建筑美学：

　　建筑师王澍一贯坚定文化自信，主张城市向乡村学习，投
入大量精力对乡村进行研究及保护改造。浙江富阳文村改造项目
（图 8.19），改造后的村子与遗留明清古建筑融为一体，呈现出了
美丽宜居的乡村图景。结合本讲所学的知识，查阅相关资料，分
析文村改造设计亮点及体现的民居文化。

设计亮点：

民居文化：

图 8.18　吊脚楼（左）

图 8.19　富阳文村改造后（右）

第 9 讲
著述及营造技术

　　了解中国古代建筑著述内容及意义；熟悉中国古代瓦作、土作、彩画作等八大建筑营造技术。

【观看手绘万方安和轩】

　　请扫码观看《手绘万方安和轩》视频。万方安和轩是圆明园四十景之一，平面呈卍字形，造型别致，基座上建有三十三间房屋，建于雍正年间，1860年被英法联军焚毁，后由样式房的"样式雷"家族制作烫样，以备圆明园修缮之用，如今烫样是直观再现万方安和轩的唯一遗存。

扫码观看
《手绘万方安和轩》
视频

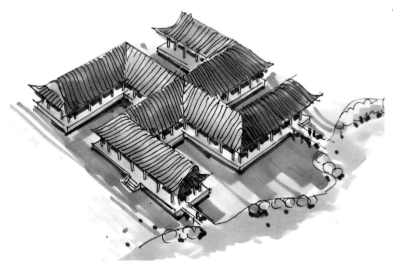

【走近中国古代建筑著述】

中国古代建筑的经典著作是古代匠师智慧的结晶，承载了厚重的中国传统文化。著作有官书和私人著作两类，官书是古代王朝制定的建筑制度做法、工料定额，如现知最早的春秋齐国人所著《考工记》，宋代《营造法式》以及清代《工部工程做法则例》；私人著作则是匠师实践经验的总结与积累之作，如北宋的《木经》、明代计成的《园冶》。

一、《周礼·考工记》

《周礼·考工记》（图9.1）是中国目前所见年代最早的手工业技术文献，记述了木工、金工、皮革、染色、刮磨、陶瓷六大类30个工种的内容，反映出当时极高的工艺水平，在当时世界上是独一无二的。全书还包括了数学、地理学、力学、声学、建筑学等多方面的知识和经验总结。书中描述了西周时期的王城（图9.2）、宫殿、道路的形式，并对当时的建筑规划、施工技术、建筑测量等做了具体解释，是研究古代建筑思想和技术的重要文献。

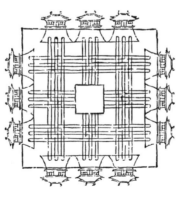

图 9.1　《周礼·考工记》（左）

图 9.2　《周礼·考工记》周王城图（右）

二、《营造法式》

公元 1103 年（北宋崇宁二年），朝廷颁布并刊行了李诫编修的《营造法式》，作为古代建筑营造规范，做了严格的工料限定

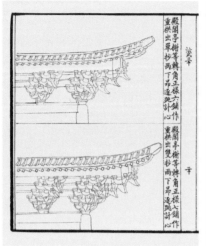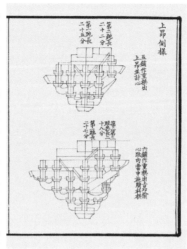

图 9.3 《营造法式》斗栱
计心造（左）

图 9.4 《营造法式》上昂
侧样（右）

说明。全书共 36 卷，分为释名、诸作制度、功限、料例和图样
五个部分，第 1、2 卷是《总释》和《总例》，对建筑物及构件的
名称、条例、术语做诠释；第 3 至 15 卷规定了壕寨、石作、大
木作、小木作、雕作、旋作、锯作、竹作、瓦作、泥作、彩画
作、砖作和窑作 13 项工种制度；第 16 至 25 卷按照 13 项工种制
度规定了相应的劳动定额和计算方法；第 26 至 28 卷规定了各工
种的用料定额和相关工作的质量标准；第 29 至 34 卷是图样，包
括测量工具，石作、大木作（图 9.3）、小木作、雕木作、彩画
作的雕饰和彩画图案，殿堂、厅堂地盘（相当于今天的"平面
图"）、侧样（图 9.4，相当于今天的"剖面图"）。《营造法式》规
定了"以材为祖"的模数制度，为后世建筑营造的规范发展奠定
了基础。

【文化传承】

　　梁思成先生曾
经将宋代的《营造法
式》与清代的《工程
做法则例》两本建筑
技术古籍誉为研究中
国建筑的两部"文法
课本"。他经过深入研
究，汇集民间大量抄
本，进行测绘调查，
完成了《清式营造则
例》《蓟县独乐寺观音
阁山门考》和中英文
版本的《中国建筑史》
等著作，为我国古建
筑研究做出了开创性
的贡献。

三、《工程做法则例》

　　公元 1743 年（雍正十二年）清工部颁布了《工程做法则
例》（图 9.5），这是关于清代官式建筑通行的标准设计规范，是
继宋《营造法式》之后官方颁布的又一部较为系统的建筑书籍。
全书内容为 74 卷，记录了 17 个专业、20 多个工种，大体可分

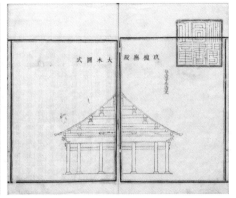

图 9.5 《工程做法则例》（左）

图 9.6 《工程做法则例》屋架侧样图（右）

为房屋营造范例和工料预算两部分，突出成就是明确了大式与小式之分，斗口计算标准更加简洁明了，大木作还附有屋架侧样（图 9.6）简图。

【走近中国古代建筑营造技术】

中国古代建筑营造技术主要有"八大作"，即瓦作、土作、石作、木作、彩画作、油漆作、搭材作、裱糊作，是我国古代宫殿建筑重要的营造技艺，倾注着无数匠人的心血。纵观中国古建筑，能够承载丰富历史、保持工序完整、技法传承准确并且技艺流程严谨的，故宫建筑群当之无愧。至今工作在故宫的修缮技术人员，仍然严格地遵循古人的技法，按照古建筑规矩进行维护修整。

一、土作

土作（图 9.7）是传统建筑中关于台基、地基等土方工程的营造技艺，在中国古代建筑工程中相关工作内容包括筑基、筑台、筑墙（图 9.8）、制土坯、凿井等土方工程。宋代《营造法式》把该内容归入"壕寨"，陵墓、兴修水利和测量等作业也属于壕寨。清工部《工程做法则例》中的土作部分，只包括刨基槽和夯筑灰土、素土作业。中国古人早在四千多年前新石

器时代晚期已掌握夯土技术，建造出了城墙、台基、墙壁。夯
土作业的最大优势是就地取材，土作在中国古代建筑中占有
重要地位。

图 9.7   土作示意（左）

图 9.8   夯土墙（右）

二、石作

石作（图 9.9）是中国古代建筑中建造石建筑物、制作和安
装石构件和石部件的专业。宋代《营造法式》中所述的石作包括
粗材加工、雕饰以及柱础、台基、坛、地面、台阶、栏杆、水
槽、上马石、夹杆石、碑碣等的制作和安装内容。清工部《工程
做法则例》又增加了石桌、绣墩、花盆座、石狮等建筑部件的制
作和安装。古建筑台基由建筑的通面阔和通进深及出檐尺寸决
定，高级台基用须弥座，多为一层，特殊隆重的可用三层，如北
京故宫太和殿须弥座（图 9.10）。

图 9.9   石作（左）

图 9.10   太和殿须弥座（右）

三、搭材作

搭材作（图 9.11）原名扎材作，"扎"指木材之间的捆绑方式，"材"一般是用杉木，搭材作是指用横竖杆搭建起来的建筑施工的辅助设施和临时建筑的施工方法。作为中国古代建筑工程支搭施工辅助设施和临时建筑的一种专业，搭材作的工人叫"搭材匠"，工作内容是搭脚手架，供砌砖、抹灰、绘饰彩画、装卸构件等工作时使用。宋代《营造法式》中的"卓立搭架"就讲到施工用的脚手架，清工部《工程做法则例》中列有"搭材作"一节，并列出了 11 种架子的用工用料。

图 9.11　搭材作示意

四、木作

我国古建筑是以木结构为主，木作主要是指古建木构架施工，主要分为大木作和小木作。大木作（图 9.12）是指木构架建筑的主要结构部分制作和安装专业，大木由柱、梁、枋、檩等组成，决定了古代建筑内部空间及外观造型，清式大木作做法可分为大木大式和大木小式两类。小木作（图 9.13）是指非承重木构件的制作和安装专业，多为内饰装修如门窗、高低柜、屏风等功能性和装饰类制作，清工部《工程做法则例》中称小木作为装修作，并把面向室外的称为外檐装修，在室内的称为内檐装修。

五、瓦作

图 9.12 大木作屋架（左）

图 9.13 小木作槅扇（右）

瓦作主要是指古建屋顶、墙体、砖地面等黏土类材料的施工。瓦是应用最广的屋面材料，瓦分为小瓦、筒板瓦等，筒板瓦多用于宫殿、官署、庙宇等高级建筑，宫殿建筑的金黄色琉璃瓦（图9.14），保护木质屋顶和飞檐免受风雨侵蚀。至今故宫建筑的屋面维修，仍然沿用古代工匠的苫背和瓦（wà）瓦技术（图9.15）。

图 9.14 宫殿建筑琉璃瓦（左）

图 9.15 瓦（wà）瓦施工（右）

六、油作

油作是中国古代建筑工程中为保护和装饰木构部分在木构件上刷色涂油漆的专业，主要是指对门窗、柱子、大门等木构件的油饰施工。油作主要工序包括材料与工具准备、底层处理

（图9.16）、地仗、涂刷饰面（图9.17），油作讲究工艺工法和材料运用，每一层施工可谓有条不紊、厚薄有度。

图9.16 木件表面处理工艺（左）

图9.17 油饰工艺（右）

七、彩画作

彩画作是指对柱、门、窗及其他木构件表面绘制粉彩图案和图画的做法，起到装饰和保护的作用，主要手法有叠晕、间色、沥粉、贴金等。宋代《营造法式》和清工部《工程做法则例》记录了宋式彩画（图9.18）和清式彩画种类。清式彩画大体可分为和玺彩画、旋子彩画（图9.19）、苏式彩画三大类。和玺彩画等级最高，主要用于宫殿、坛庙的主殿，以龙为主要题材；旋子彩

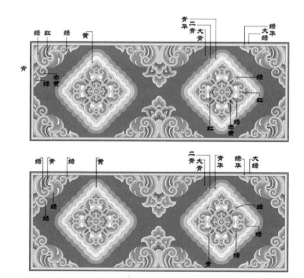

图9.18 宋代五彩装、碾玉装

图9.19 清代旋子彩画

画次之，用在一般的官衙、庙宇主殿和宫殿、坛庙的次要殿堂等处，以在藻头上画旋子得名；苏式彩画一般用于住宅、园林，题材多样，常为动物、鱼鸟、历史人物故事、山水风景等。

八、裱糊作

裱糊作（图 9.20）是传统建筑中为室内施以纸张裱糊的营造技艺。顶棚、墙面、门窗在裱糊工艺装饰（图 9.21）下，为室内增添了清雅别致的美感，还起到防潮、防尘、保温的作用，常见的就是在顶棚做四方形龙骨基层上施工，俗称白堂箅（bì）子。

图 9.20　裱糊作（左）

图 9.21　室内裱糊（右）

【评价古代建筑著述】

《园冶》为明代造园家计成所著，反映了中国古代造园的成就，是中国造园艺术的传世经典。结合本讲所学的知识，查阅相关资料，分析《园冶》的内容特点及学术成就。

内容特点：

学术成就：

第 10 讲
近代中国建筑

了解中国近代建筑的发展概况；熟悉中国近代城市建设及主要建筑思潮；掌握这一时期中山陵等主要建筑的创作思想。

【观看手绘中山陵祭堂】

请扫码观看《手绘中山陵祭堂》视频。中山陵是中国近代伟大的民主革命先行者孙中山先生的陵寝建筑群，1929 年建成。建筑群依山就势，沿轴线布置。主要建筑有博爱坊、墓道、陵门、石阶、碑亭、祭堂和墓室等，整体庄严宏伟，肃穆简朴，祭堂为中山陵主体建筑，处在山顶最高峰，是一座中西合璧的仿古宫殿式建筑。

扫码观看
《手绘中山陵祭堂》
视频

【走近近代中国建筑】

> 从 1840 年鸦片战争爆发至 1949 年新中国成立，中国的建筑交织着中西建筑文化的碰撞，呈现新旧两大建筑体系并存的局面，既有近代新材料、新技术下建设的西式建筑，也有大量因地制宜，保留了传统地域特色的传统建筑。本讲主要分析近代中国建筑发展及风格特征。

一、近代中国建筑的发展

伴随着鸦片战争后外国资本主义的渗入以及我国民族资本主义的初步发展，近代中国建筑发展先后经历初期、快速发展期和停滞期三阶段，期间建设了一大批高水平建筑，为后世留下了宝贵的建筑遗产。

（一）初期（19 世纪中叶至 19 世纪末）

鸦片战争后，清政府被迫签订了一系列不平等条约，在一些租借区出现了外国领事馆、银行、商店、教堂及洋房等建筑类型，多为一至两层砖木混合结构，外立面仿欧洲古典风貌，成为中国近代建筑活动的开始，之后欧式建筑形象及类型不断引入我国。位于长春园内的西洋楼（图 10.1）仿欧式园林建造，轴线上由十余座西式建筑和庭院组成，建筑石面雕刻精美，1860 年被英法联军焚毁。

图 10.1 长春园内的西洋楼

（a）西洋楼焚毁前实景　　　　　　（b）西洋楼遗址

（二）快速发展期（19 世纪末至 20 世纪 30 年代末）

19 世纪末以来，外国资本大量进入中国，租界和租借地建筑活动日益频繁，这一时期，建筑类型、建筑技术及施工水平都得到了明显发展。工厂、银行、火车站等为资本输出服务的建筑大量建设，上海汇丰银行、上海海关大厦是这一时期的经典建筑。建筑类型上形成了居住建筑、公共建筑、工业建筑等主要类型。水泥、玻璃等新材料大量应用，大城市也掀起了高层建筑建造的浪潮，一批高层公寓、饭店、商业建筑不断涌现。20 世纪初欧洲新建筑运动传入中国，"装饰艺术"风格在上海、天津等地传播，出现了上海国际饭店（图 10.2）、大光明电影院（图 10.3）等建筑作品。

20 世纪 20 年代初留学欧美、日本，学习建筑的梁思成、杨廷宝等建筑师回国，纷纷投身国家建设，研究中国传统建筑，建立建筑学教育以及开办建筑事务所。梁思成致力于中国古代建筑的研究和保护，开展了大量测绘及研究工作。1925 年，在众多国外建筑公司参加的南京中山陵设计竞赛中，青年建筑师吕彦直获得一等奖，二、三等奖也是中国建筑师，这也是中国建筑师首次获得大型建筑群设计项目，充分展示了中国建筑师对新建筑的探索与设计的强大力量。

【创新创造】

吕彦直（1894—1929），中国近代杰出建筑师，设计了南京中山陵和广州中山纪念堂，为中国近代建筑的杰出作品。中山陵的设计是近代中国建筑师第一次规划设计的大型建筑组群获得成功，对于运用民族形式进行新建筑设计产生了积极影响。

图 10.2　上海国际饭店（左）

图 10.3　上海大光明电影院（右）

（三）停滞期（20世纪30年代末至40年代末）

1937到1949年，中国处于战争状态，建筑活动很少，趋于停滞状态。国立东北大学、国立北京大学等中断教学，国立中央大学内迁重庆，在极其艰苦的环境下，中国的现代建筑教育在不断前行，一大批建筑系教师潜心教学，为中国的现代建筑教育播撒了种子。1942年上海圣约翰大学（图10.4）建筑系实施包豪斯教学体系，1947年梁思成在清华大学营建系，实施"体形环境"的教学体系，培养了大量优秀的建筑人才（图10.5）。

【家国情怀】

　　抗日战争期间，国立中央大学内迁重庆，在重庆大学等多方大力支持下，迅速复课，汇聚了众多海外学成归来的学者，他们在必胜的信念支撑下发展建筑教育，在战火中讨论国家的建设，为未来培养人才，为中国的建筑教育做出了不可磨灭的贡献。

二、近代中国城市建设及建筑思潮

近代中国在中西文化的碰撞下，从之前相对封闭状态的城市向开放的近代化城市转型，建筑形式和建筑思潮十分复杂，既有延续传统的旧建筑体系，又有输入和引进的新建筑体系。

（一）近代中国城市建设

19世纪中叶开始，中国城市数量、城市功能和城市结构等方面变化明显，新城的建设带动了老城的更新。

上海是中国近代第一大都市，地处南北海运中心，地理位置优势明显，引进了西方近代城市发展模式和先进技术，形成了行政办公、商业、服务业、金融、交通、文化、教育、医疗、体育、娱乐等一整套完备的公共建筑类型。建筑设计和施工质量上已达当时的国际水平，上海外滩相继建设了大量欧式风格的

图10.4　上海圣约翰大学（左）

图10.5　梁思成与营建系学生在一起（右）

图 10.6　近代上海外滩
（局部）

新建筑（图 10.6）。

　　清末民初，北京旧城格局被突破，中华门及其两侧的千步廊，皇城城墙、瓮城、内城城墙等陆续被拆除，使馆区的崇文门大街首先出现经营舶来品的洋式商店和西餐馆等，形成使馆区（图 10.7）之外的一条最早的近代商业街。故宫"前朝"部分开放作为博物馆，天坛、社稷坛、颐和园、北海、景山、颐和园等开放为公园，皇家宫苑逐渐成为公共场所。

　　新类型建筑陆续涌现。近代市政设施逐渐起步，北京的建筑风貌呈现多种样式，一是中西混合样式，如一些经营洋货的旧式商店，开始采用洋式店面；二是西方折中主义样式，主要集中在东交民巷使馆区（图 10.7），延续 20 世纪初欧美仍在流行的折中主义样式；三是中国传统复兴式，中外建筑师开展了一系列对中国固有形式的设计探索与实践，如美国建筑师墨菲设计的燕京大学校园和建筑组群，具有中国古典风韵。20 世纪 30 年代初，欧美装饰艺术风格也在北京开始流行。杨廷宝主持设计的清华大学气象台、生物馆（图 10.8）、明斋等都属于这种风格。

　　（二）近代中国建筑形式与思潮

　　中国近代建筑形式和建筑思潮，既包含旧建筑体系，又有新的建筑体系，主要有洋式建筑、传统复兴和现代建筑三个主要发展方向。

1. 洋式建筑

洋式建筑在早期占据很大的比重，主要分布在外国租界、租借地、通商口岸及使馆区等，早期风格为带外廊的欧式建筑，天津的法国领事馆、我国台湾地区高雄的英国领事馆是这样的风格。伴随西方盛行的折中主义建筑风格，希腊古典、罗马古典、文艺复兴古典、巴洛克、法国古典主义等风格式样的建筑出现，哥特式的教堂、古典式的行政机构建筑大量建设，建于1928年的天津劝业场（图10.9）具有代表性，采用圆拱券和穹顶造型，是多种风格的综合体。20世纪30年代后在上海、天津、南京等地，折中主义建筑（图10.10）风格逐渐为"装饰艺术"（Art-Deco）和"国际式"（International Style）所接替。

图 10.7　东交民巷比利时使馆旧址（左）

图 10.8　清华大学生物馆（右）

图 10.9　天津劝业场（左）

图 10.10　上海邮政总局大楼（右）

2. 传统复兴建筑

在中外建筑文化碰撞中，中国近代出现了各种形态的中西交汇建筑形式，早期沿海侨乡的住宅、祠堂和遍布各地的洋式店面。外国传教士来华传教，就曾经沿用中国的民宅、寺庙作为教堂，或按中国传统建筑样式建造教堂，圣约翰大学怀施堂、南京金陵大学北大楼（图10.11）、北京辅仁大学（图10.12）、北京协和医学院西区等，传统复兴建筑整体保持西式建筑的多体量组合，顶部为中国屋顶形象。

传统复兴建筑后期倡导具有中国精神、中国色彩的建筑，既有西方近代的建筑功能、技术，也要有中国的风格特色，成为融合中西建筑文化的理想模式。1925年南京中山陵设计竞赛，以吕彦直为代表的中国建筑师开始了传统复兴的建筑设计活动，后续主要有三种设计模式。

第一种是被视为仿古做法的"宫殿式"，保持中国古典建筑台基、屋身、屋顶三部分构成以及传统造型要素和装饰细部，如南京国民党党史史料陈列馆（图10.13）、南京中央博物院（图10.14），主体是钢筋混凝土结构，立面是中国传统建筑形象。

第二种是被视为折中做法的"混合式"，突破中国古典建筑的体量权衡和整体轮廓，不拘泥于立面三段式构成，建筑体形由功能空间确定，外观呈现洋式的基本体量与大屋顶等能表达中国式特征的附加部件的综合。建筑师董大西设计的上海市图书馆（图10.15），两层平屋顶楼房的新式建筑体量上，中部突起局

图 10.11　南京金陵大学北大楼（左）

图 10.12　北京辅仁大学（右）

部的门楼，用琉璃重檐歇山顶，附以华丽的檐饰，四周平台围以石栏杆，集中地展示传统建筑风格。吕彦直设计的中山纪念堂（图10.16），观众厅设计成八角形，形成四面抱厦环抱着中央八角形攒尖顶的格局。

第三种是被视为新潮做法的"以装饰为特征的现代式"，20世纪30年代，国外的"装饰艺术"设计风格出现在我国，在新建筑的体量基础上，适当装点中国式的装饰细部，作为一种民族特色的标志符号出现。南京中央医院、上海江湾体育场（图10.17）就是这样的风格，梁思成、林徽因设计的北京仁立地毯公司（图10.18），立面使用了八角形柱、一斗三升、人字斗栱和宋式勾片栏杆、清式琉璃脊吻等，颇具传统建筑色彩。

3. 现代建筑

19世纪下半叶，欧洲兴起的探求新建筑运动也渗透入近代中国建筑，哈尔滨火车站（图10.19）造型上摒弃了西方古典柱式，

图10.13 南京国民党党史史料陈列馆（上左）

图10.14 南京中央博物院（上右）

图10.15 上海市图书馆（下左）

图10.16 中山纪念堂（下右）

使用简洁的体量、流畅的曲线来塑造建筑立面，展现出当时最新的建筑潮流。此外，进入中国的装饰艺术风格多采用简洁的阶梯形体块组合，横竖线条的墙面划分和几何图案的浮雕装饰风格，上海沙逊大厦、百老汇大厦（图 10.20）就是类似的风格。

图 10.17　上海江湾体育场（上左）

图 10.18　北京仁立地毯公司（上右）

图 10.19　哈尔滨火车站（下左）

图 10.20　百老汇大厦（下右）

【欣赏近代中国建筑】

近代中国第一代、第二代建筑师在中西文化碰撞中的积极设计探索，取得了相当的成绩。下面展示南京中山陵的建筑设计，请大家欣赏具有中国精神的群体建筑之美。

南京中山陵

1925 年在南京中山陵设计竞赛中，参加竞赛的有中国建筑师，也有外国建筑师，竞赛组织方收到应征方案 40 余份，建筑师吕彦直的方案以简朴的祭堂和壮阔的陵园总体为特色，被最终选

【家国情怀】

南京中山陵总平面呈警钟形，寓意"唤醒民众"，表达了孙中山先生"革命尚未成功，同志仍须努力"的警示遗训。

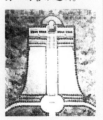

图 10.21　中山陵鸟瞰

定为实施方案。陵园于 1926 年奠基，1929 年主体建成，1931 年全部落成（图 10.21）。这是中国建筑师第一次规划设计大型纪念性建筑组群的重要作品，也是中国建筑师规划设计传统复兴式的近代大型建筑组群的重要起点。

中山陵位于紫金山南麓，风光开阔宏美。陵园规划顺着地势，贯穿于起伏的林海中，总体布局沿中轴线分为南北两大部分，南部包括入口石牌坊（图 10.22）和墓道，北部包括陵门、碑亭、石阶、祭堂、墓室，全陵绕以钟形陵墙。主体建筑祭堂（图 10.23）造型庄严稳重，外立面中间为三个圆券门洞，两侧用石墙墩夹住。祭堂屋顶为古典歇山式蓝琉璃瓦顶，构成宁静肃穆的氛围。通过长长的墓道、大片的绿化和宽大满铺的石阶，将各个单体建筑连接成整体，给人以庄严肃穆之感，符合民主革命家陵墓的特定精神。

从单体建筑方面看，石牌坊、陵门、碑亭则沿用清式的基本形制并加以简化，运用了新材料、新技术，采用了纯净、明朗的色调和简洁的装饰，使得整个建筑组群既有庄重的纪念性、浓郁的民族韵味，又呈现着近代的新格调，可以说是中国近代传统复兴建筑的一次成功起步。

【家国情怀】

为了早日竣工，吕彦直冒着战火的危险，奔波在上海和南京项目工地，与工人同吃同住，亲自审阅每一份图纸，由于过度劳累，在 1929 年中山陵完工时，吕彦直因病英年早逝。孙中山先生葬事筹备委员会决定，在奠基室内为吕彦直建纪念碑，这也是我国至今为建筑师树立的唯一纪念碑。

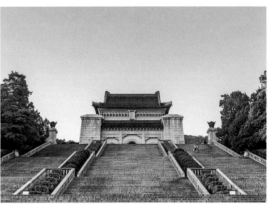

图 10.22 中山陵入口石牌坊（左）

图 10.23 中山陵祭堂（右）

【评价近代中国建筑】

吕彦直（图 10.24）是中国近代杰出的建筑师，他用短暂的一生在中国近代建筑史上写下了辉煌的一页。结合本讲所学的知识，查阅相关资料，分析其建筑作品蕴含的民族文化及其人格魅力。

建筑作品的民族文化性：

人格魅力：

图 10.24　吕彦直（1894—1929）

第二篇
外国建筑

古埃及建筑

古希腊建筑

古罗马建筑

拜占庭建筑

西欧中世纪建筑

意大利文艺复兴建筑

法国古典主义建筑

欧美复古思潮及新形式建筑探索

欧美新建筑运动

现代主义建筑及之后的建筑思潮

第 11 讲

古埃及建筑

了解古埃及建筑的发展概况；熟悉古埃及主要建筑类型及特征；掌握古埃及吉萨金字塔群、卡纳克阿蒙神庙的建筑形象特征与蕴含的文化思想。

【观看手绘吉萨金字塔群】

请扫码观看《手绘吉萨金字塔群》视频。吉萨金字塔群位于尼罗河三角洲区域，是古埃及第四王朝三位法老胡夫、哈夫拉和孟卡拉的陵墓，是古埃及金字塔中最成熟的代表。

扫码观看
《手绘吉萨金字塔群》
视频

【走近古埃及建筑】

　　古埃及是世界四大文明古国之一，位于非洲东北部尼罗河中下游，分为上埃及、下埃及两部分，上埃及是尼罗河中游峡谷，下埃及是河口三角洲，在那里产生了人类最早的巨型纪念性建筑物，艺术价值极高。

一、古埃及建筑发展

　　尼罗河领域的自然景观对古埃及人的建筑审美产生重要影响，在纪念性建筑中多通过正方形、三角形等稳定的几何形体表达静态之美。尼罗河流域的芦苇、纸草、泥土及通过河道运输来的巨大石材是建造建筑的重要材料，芦苇和纸草形象成为重要的装饰题材。古埃及人在天文、几何学、测量学及施工技术方面非常先进，为创造尺寸精确的建筑奠定了基础。古埃及建筑发展经历了四个主要时期。

（一）古王国时期（公元前三千纪）

　　公元前 3000 年左右，上埃及征服了下埃及，成了统一的奴隶制帝国，定都于孟菲斯，这一时期的代表建筑是作为皇帝陵墓的金字塔。第一座石头金字塔为第三王朝开国君主昭赛尔的多层阶梯状金字塔；之后金字塔逐渐发展为三角锥体形态，比之前更加简洁，坐落在尼罗河流域，产生了永恒之美，建于第四王朝的吉萨平原上的胡夫金字塔（图 11.1）就是代表建筑。

图 11.1　胡夫金字塔与狮身人面像

（二）中王国时期（公元前 21 世纪—公元前 18 世纪）

中王国时期，古埃及结束了长年的战乱，又恢复了稳定，手工业和商业发展起来，出现了一些有经济意义的城市。中王国时期古埃及首都底比斯，法老开始在山谷里建造陵墓（图 11.2），纪念物也从金字塔这一以外部表现力为主的陵墓逐渐向内部举行神秘宗教仪式的庙宇转化，庙宇与险峻的山谷环境融为一体。

图 11.2　哈特谢普苏特墓

（三）新王国时期（公元前 16 世纪—公元前 11 世纪）

新王国时期是古埃及国力最强盛的时期，文化繁荣，建立埃及帝国，法老大兴土木工程。皇帝崇拜和太阳神崇拜结合，皇帝的纪念物也从陵墓完全转化为阿布辛贝神庙（图 11.3）。神庙内部巨柱林立，营造了神秘和威严的氛围。同时，古埃及与周边国家交流频繁，传来西亚等地区建筑元素。

图 11.3　阿布辛贝神庙

（四）托勒密时期及后埃及时期

公元前 332 年古埃及被马其顿王征服，亚历山大的继承者托勒密一世定都亚历山大，建立了当时世界上最大的图书馆——亚历山大图书馆，汇聚了众多学者。公元前 30 年埃及沦为罗马帝国埃及行省，期间建筑受外来文化影响，希腊、罗马的人文主义因素渗透到埃及神庙中，建筑变得明朗起来，削弱了压抑威严的氛围，出现了新形制和样式。尼罗河菲列岛上的伊息丝神庙（图 11.4）的主体还是传统样式的，东侧的敞廊及西侧的玛米西小庙形制已是希腊神庙的围廊式。靠近岛边的图拉真亭（图 11.5）是古埃及和罗马风格的综合体。

图 11.4 伊息丝神庙（左）

图 11.5 图拉真亭（右）

二、古埃及主要建筑类型及特征

古埃及典型的建筑类型有贵族府邸、宫殿及帝王陵墓，从造型、装饰及空间营造上，很好地利用了当地的自然环境及建筑材料。

（一）府邸和宫殿

中王国时期，古埃及贵族府邸形制已经很发达。为建造金字塔而形成的卡宏城内的贵族府邸，规模很大，有多层院落、房屋数间。由于当地气候炎热，住宅注重遮阳和通风设计，形成了内向空间布局。府邸多采用内院式布局，主要房间朝北，前设敞廊，以减少阳光的辐射热。房间为平顶，通过屋顶的高低差开侧高窗通风采光。房间朝内院开门窗，外墙基本不设窗，私密性很强。

【创新创造】
古埃及住宅建筑通过内向院落式布局、敞廊等方式，解决了遮阳问题，通过屋顶高低落差实现通风、采光要求，因地制宜，创造了与当地炎热的气候相适应的居住形式。

新王国时期，阿玛纳地区兴建的贵族府邸（图 11.6）围绕中部主人居住的大厅展开，其他房间向大厅开门。大厅北面是一间有柱子的大房间，通向院子，南侧是妇女和儿童的居室。在一些规模大的府邸甚至还有 3 层楼，府邸结构多是木构架，屋顶为平屋，作为日间晒台和夜间纳凉之用。

卡宏城里的宫殿和府邸相差不大。新王国初期，宫殿同太阳神庙相结合，布局相对自由，但在阿玛纳的宫殿中有了明确的轴线和纵深布局。这所宫殿（图 11.7）大致坐东朝西，纵轴指向第二进院子里东端正中皇帝的正殿。神庙在第一进院子的北侧，规模不大。内部的仓库、卫队宿舍和一些政权机构用房则相对较大。

（二）金字塔

古埃及皇帝为了满足专制统治的需要，体现对皇帝本人的崇拜，陵墓渐渐发展成为纪念性的建筑物，陵墓形制从方形泥砖陵体、多层石砌筑陵墓的基础上，不断探索前进，最后形成了纯粹的金字塔陵墓。

古埃及第三王朝以前，法老坟墓一般是在地下设置墓室，地上用泥砖砌成的长方形的坟堆，形制是仿照上埃及略有收分的住宅形式，这种墓叫玛斯塔巴（Mastaba）（图 11.8）。

古王国时期，随着国家强盛和砌筑技术的发展，古埃及建筑师伊姆贺特普为皇帝昭赛尔设计并建造了第一座石头金字塔坟墓

图 11.6　阿玛纳的贵族府邸复原想象图（左）

图 11.7　阿玛纳某宫殿平面（右）

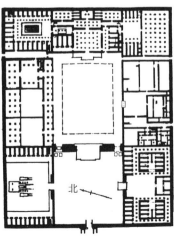

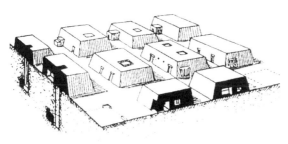

（图 11.9），陵墓位于萨卡拉，约建于公元前 3000 年，塔的基底东西长约 126 米，南北长约 106 米，高约 60 米，是 6 层逐层缩小的台阶状，周围设有庙宇，建筑群入口在围墙东南角，经过一个狭长、黑暗的甬道后，进入院中，明亮的天空和金字塔即刻呈现在眼前。创造了光线明暗和空间开阖的强烈对比，造成从现世走到了冥界的假象，震撼着人们的心灵，增强了纪念性。

约建于公元前 2600 年，位于萨卡拉的一座弯曲的金字塔（图 11.10）是埃及第四王朝第一位法老在位时期修建的，塔身在超过一半高度的时候，角度发生变化，形成上下两个倾角的金字塔形。可能因荷载较大改变的角度，防止底部的坍塌，金字塔边长约 189 米，高约 105 米。

公元前三千纪中叶，古埃及人在吉萨建造了第四王朝三位法老三座相邻的金字塔（图 11.11），形成一个金字塔群，是古埃及金字塔最成熟的代表。高大、简洁、雄伟的形象与周围自然环境构成了浑然和谐的整体，表现了极强的纪念性。

图 11.8 马斯塔巴（左）

图 11.9 昭赛尔金字塔（右）

图 11.10 弯曲的金字塔（左）

图 11.11 吉萨金字塔群（右）

（三）峡谷陵墓

中王国时期，古埃及首都迁至上埃及的底比斯，这里峡谷多，山势险峻，古王国时期金字塔的形象构思不适合这样的地形，加之为防止盗墓的发生，多在山岩上凿石窟作为皇帝的陵墓，利用自然险峻的地形来神化皇帝。这一时期皇帝陵墓形成了纵深序列布局，悬崖被巧妙地组织到陵墓的外部形象之中，悬崖前规模宏大的神庙祭祀厅堂成了陵墓建筑的主体，内部采用梁柱结构，墙柱雕饰壁画，非常华丽，最后一进是凿在悬崖里的圣堂。

曼都赫特普三世墓（图11.12）是处于金字塔到峡谷陵墓的过渡时期作品，按照轴线布局。进入墓区大门，通过一条约1200米长的石板路，两侧对称放置狮身人面像，后进入一个大广场，再通过长长的坡道登上一层柱廊平台，平台中央有一座金字塔，后面是一个四周柱廊环绕的院落，再后面是有80根柱子的大厅，最后是凿在悬崖里的圣堂。

女皇哈特什帕苏墓（图11.13）位于曼都赫特普三世陵墓的北边，建于新王国时期，建筑群的布局和艺术构思同前，但抛弃了金字塔的形象，同悬崖的结合更紧密。峡谷墓规模宏大，立面开阔，设置三层柱廊平台，柱廊比例和谐，庄严而不沉重，沿轴线展开，凸显壮丽之势。

（四）太阳神庙

到新王国时期，为祭祀太阳神而建立的太阳神庙代替了之前的陵墓成为皇帝崇拜的纪念性建筑物。太阳神庙的典型形制是沿

图11.12　曼都赫特普三世墓（左）

图11.13　哈特什帕苏墓（右）

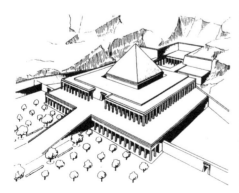

着纵深轴线依次排列着大门、围柱式院落、大殿、密室和僧侣用房等。经大殿到密室，屋顶逐渐降低，地面逐渐升高，侧墙逐渐内收，形成压抑的空间氛围。

太阳神庙在空间处理上突出以下两方面。一是大门及其门前的神道及广场极其开阔，以适应群众性宗教仪式的举行，两侧高大的梯形石墙夹着不大的门道，石墙上满布彩色的浮雕。二是大殿内部是皇帝接受朝拜的场所，需要幽暗而威严的氛围与仪典的神秘性相适应，殿里林立粗壮高大的柱子，光线透过中部的高窗落在巨大的柱子上，形成斑驳的光影，给人压抑及神秘的感觉。

卡纳克（Karnak）阿蒙神庙（图 11.14）和卢克索（Luxor）阿蒙神庙（图 11.15）是埃及太阳神庙的代表，建筑形象简洁，将之前金字塔、峡谷陵墓的纪念性转到了庙宇内部空间。

图 11.14　卡纳克的阿蒙神庙（左）

图 11.15　卢克索的阿蒙神庙（右）

【欣赏古埃及建筑】

一、吉萨金字塔群

吉萨金字塔群（图 11.16）建于公元前三千纪中叶，位于尼罗河三角洲的吉萨，是古埃及第四王朝三位法老的陵墓，形成一个完整的陵墓群体，是古埃及金字塔最成熟的代表。

三座金字塔形为尺寸精确的正方锥体，尺度巨大，极具震撼力。其中，胡夫金字塔高 146.6 米，底边长 230.35 米；哈夫拉金字塔高 143.5 米，底边长 215.25 米；孟卡拉金字塔高 66.4 米，底边长 108.04 米，用平均重约 2.5 吨的石块干砌而成。

金字塔脚下的祭祀厅堂、围墙和其他附属建筑的体量相对很小，不再模仿木构和芦苇的建筑形象，而是采用适合石材特点，形成简洁的几何形体，与金字塔的风格相统一。

金字塔的入口处理与昭赛尔金字塔类似，轴线更长，从东边几百米外的门厅到祭祀厅堂，要通过黑暗、狭窄的石砌甬道，再进入院子，体量巨大的金字塔赫然出现在眼前，产生强烈的崇拜之感。

在金字塔的东面，有一座狮身人面像，是由整块巨石雕刻而成，又称斯芬克斯，头像据说是按法老哈夫拉的面容雕刻，造型颇为雄伟壮观。

【匠心技艺】

胡夫金字塔的底部周长除以其高度的两倍，得到的数值接近圆周率（π），内部的直角三角形厅室，各边之比为 3 : 4 : 5，体现了勾股定理的数值。这些精确数值，造就了精确、完美的建筑形象，体现了古代埃及人的智慧。

图 11.16　吉萨金字塔群

二、卡纳克阿蒙神庙

卡纳克的阿蒙神庙（图 11.17）是从中王国时期到托勒密时期陆续建造起来的，神庙的轴线朝向西北，总长约 336 米，宽约 110 米，气势宏伟，震撼人心。

神庙轴线前后一共造了 6 道大门，而以第一道最为高大。大殿宽约 103 米，进深约 52 米，内部石柱如林，密排 16 列 134 根高大的石柱。轴线中间两排 12 根柱高 21 米，直径 3.6 米，柱顶呈莲花状，支撑上面长 9.21 米、重达 65 吨的大梁。

【匠心技艺】

卡纳克神庙方尖碑（图 11.18），高达 23 米，上面镌刻着象形文字，是为崇拜太阳神而建立的，用完整的花岗石制成，尖端的方锥体镀以合金，开凿和竖立方尖碑是一项艰巨工程，显示了古埃及匠人的高超施工技术。

图 11.17　卡纳克神庙（左）

图 11.18　卡纳克神庙方尖碑（右）

门楼和柱厅内部有丰富的浮雕、彩画及文字，记录法老的丰功伟绩及宗教内容，通过中部与两侧屋面高差形成的高侧窗采光，形成室内阴暗的光线，建筑艺术从金字塔的外部纪念形象转到了神庙的内部空间神秘和压抑的空间营造。

【评价古埃及建筑】

狮身人面像（图 11.19）位于埃及吉萨的金字塔墓区，像高 20 米，长 73.5 米，头像是古埃及法老哈夫拉的雕塑。结合本讲所学的知识，查阅相关资料，分析狮身人面像建造方式。

图 11.19　狮身人面像

建造方式：

第12讲
古希腊建筑

了解古希腊建筑的发展概况；熟悉古希腊柱式、主要建筑类型特征；掌握古希腊雅典卫城的布局及建筑成就。

【观看手绘帕特农神庙】

请扫码观看《手绘帕特农神庙》视频。帕特农神庙是雅典卫城的主体建筑，用白色大理石砌成，建筑东西设8根柱子，南北设17根柱子，是多立克柱式的代表建筑，立面高与宽的比例接近黄金分割比，整体构图均衡，比例严谨，体现了古希腊建筑艺术的高超水平。

扫码观看
《手绘帕特农神庙》
视频

【 走近古希腊建筑 】

古希腊包括巴尔干半岛南部、爱琴海上诸岛屿、小亚细亚西海岸以及东至黑海、西至西西里海的广大地区。古希腊是欧洲文化的摇篮，其蕴含的人文主义、科学精神一直贯穿欧洲建筑历史，为后世留下了宝贵的建筑遗产。

一、古希腊建筑发展

古希腊建筑史分为荷马时期、古风时期、古典时期及希腊化时期，经历了萌芽期、发展期及繁荣期，所诞生的建筑语汇影响了欧洲建筑两千余年。

（一）荷马时期（公元前 12 世纪—公元前 8 世纪）

公元前 11 世纪，继爱琴海文明被湮没后，在希腊半岛上形成了多个奴隶制王国，其中有雅典、斯巴达、米利都、柯林斯等，这些国家间交流频繁，受古埃及文化影响，也继承了爱琴文化。建筑方面，长方形的"正室"成了住宅的基本形制，平面狭长或内部设一道横墙划分前后，早期的神庙采用了与住宅相同的正室形制。主要建筑材料是木头和生土，现已无存。

（二）古风时期（公元前 8 世纪—公元前 6 世纪）

公元前 8 世纪起，古希腊手工业和商业发达起来，新的城市产生，同时古希腊的宗教定型了，守护神崇拜从泛神崇拜中凸显出来，产生了一些有全希腊意义的圣地。古希腊建筑逐步形成相对稳定的形式，"柱式"成为这一时期的伟大创造，多立克、爱奥尼式建筑体现了雄健与秀雅两种建筑风格。神庙已用石头建造，形成了一定的形制，如克里特岛的普里尼阿斯神庙（图 12.1），平面呈不规则长方形，墙壁用石头砌筑。

（三）古典时期（公元前 5 世纪—公元前 4 世纪）

公元前 5 世纪，古希腊进入繁荣时期，城市商业、手工业发达，自由民的民主制度达到很高的地步。公元前 500 年至公元前 449 年，波斯帝国入侵古希腊，前后持续了半个世纪，许

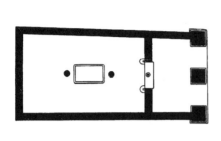

图 12.1　普里尼阿斯神庙平面、立面

多古希腊城邦团结起来，奋勇抵抗打败了侵略者。在战争中做出巨大牺牲的雅典成为全希腊各城邦的盟主，经济与文化高速发展，战后城市重建，圣地建筑群和神庙建筑完全成熟，雅典卫城（图 12.2）成为古希腊圣地建筑群的代表，帕特农神庙是这一时期的经典之作。

（四）希腊化时期（公元前 4 世纪—公元前 2 世纪）

公元前 431 至公元前 404 年，爆发了以雅典和斯巴达为首的伯罗奔尼撒战争，雅典战败，小农经济与自由手工业者大量破产。公元前 338 年，马其顿王统一了全希腊，之后亚历山大大帝建立了横跨欧、亚、非三洲的大帝国，把希腊建筑文化传播到西亚和北非，促进了地中海各地和西亚、北非等地建筑的发展，也形成了诸如奖杯亭（图 12.3）、雅典风塔（图 12.4）等形制多样的公共建筑，为古罗马建筑的发展奠定了基础。

图 12.2　雅典卫城山下

图 12.3 奖杯亭（左）

图 12.4 雅典风塔（右）

二、古希腊建筑成就

古希腊建筑的主要成就是古希腊柱式的成熟、建筑群的艺术处理以及多种建筑类型的发展。

（一）古希腊柱式

古希腊柱式经历了由木构到石构的过渡，在工匠的不断探索下，石材代替木材成为神庙的主要材料，对石材构件的形式、比例和相互组合的推敲改进，形成了定型的三种柱式。

1. 多立克柱式

多立克柱式（图 12.5）流行于意大利、西西里一带寡头制城邦，在奥林匹亚的宙斯神庙（图 12.6）采用这种柱式。多立克受到古埃及柱式影响，柱子粗壮、刚劲而雄健，象征着男性的体态和性格。成熟期的多立克柱式各部分组成及比例关系形成了大致的模数，柱头是倒立的圆锥台；柱身下粗上细有收分，柱下径与柱高的比例在 1：5.5 左右，柱身雕刻 20 个左右的凹槽；柱身直接放在三层台基面上，不设柱础，常用高浮雕、圆雕装饰檐部，强调体积感。

2. 爱奥尼柱式

爱奥尼柱式（图 12.7）流行于小亚细亚先进共和城邦，在古希腊雅典卫城的胜利女神庙、伊瑞克提翁神庙（图 12.8）等建筑中采用这种柱式。爱奥尼柱式从整体到局部显示着秀丽端庄的性格特征，象征着女性的体态和性格。成熟期的爱奥尼柱式柱头是

【匠心技艺】

古希腊人对柱式各部分的比例、进退、曲直都推敲到极致，巧夺天工，取得了很高成就。体现了古希腊人不断探索的创新精神和对美的追求。

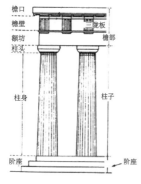

图 12.5　多立克柱式（左）

图 12.6　奥林匹亚宙斯神庙模型（右）

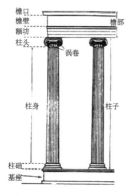

图 12.7　爱奥尼柱式（左）

图 12.8　雅典卫城的伊瑞克提翁神庙（右）

柔和的涡卷，外廓下垂；柱身修长，比例在 1：9 至 1：10 左右，形成 2 个柱底径左右的开间，柱身有 24 条凹槽；设有线脚的柱础和基座，常用薄浮雕，强调线条感。

　　3. 科林斯柱式

　　古典时期古希腊出现科林斯柱式，科林斯柱头（图 12.9）宛如旺盛的忍冬草，其余部分用爱奥尼式，直到晚期希腊，发展形成独特的风格。科林斯柱式比爱奥尼柱式更为纤细，成为建筑的重要装饰题材，雅典的宙斯神庙（图 12.10）采用了科林斯柱式。

　　古希腊的三种主要柱式各有自己的特色，整体、局部和细节都体现着刚劲雄健或清秀柔美的性格，也随着环境、建筑的不同，进行比例、构件形式及细节的灵活调整，展示了强大的生命力。

　　（二）圣地建筑群

　　在平民取得胜利的共和制城邦里，守护神或自然神崇拜兴

图 12.9 科林斯柱头（左）

图 12.10 雅典的宙斯神庙
（右）

图 12.11 特尔斐阿波罗圣
地遗址

盛，圣地建筑群得到了发展，重要性超过了旧的卫城。圣地不同
于之前戒备森严的卫城，这里定期举行体育、戏剧、诗歌等比赛
或节庆活动，为满足市民需求，依照自然环境，灵活布局，陆续
建造了竞技场、旅舍、会堂、敞廊等公共建筑物。圣地中心建筑
为守护神庙，如建于公元前 5 世纪的奥林匹亚的宙斯圣地、特尔
斐阿波罗圣地（图 12.11）就是这类圣地的代表。随着希腊手工
业、商业的发达，工程技术经验的积累，富有工匠精神的市民在
公元前 5 世纪中叶创造了伟大的雅典卫城建筑群，建筑群的布局
自由，与周围自然环境巧妙融合。

（三）主要建筑类型

希腊化时期或希腊晚期，由于经济和文化的新高涨，希腊汇
聚了庙宇、会堂、剧场、市场、旅馆、俱乐部等多种类型建筑，
剧场、浴室等类型的建筑形成了成熟的形制。

1. 庙宇

庙宇作为公共纪念物，早期用木构架和土坯建造，为了保护墙面，形成了柱廊，庙宇的立面富有光影变化，艺术感加强。公元前 6 世纪之后，重要的民间圣地庙宇普遍采用围廊式形制（图 12.12），最常见的围柱式庙宇是侧面 13 柱、正面 6 柱，圣堂的长宽之比为 2：1，小型的庙宇在前端或前后两端设柱廊。

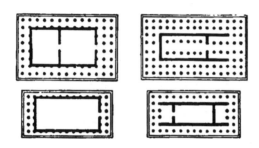

图 12.12 围廊式庙宇平面

2. 剧场和会堂

露天剧场和室内会堂也是这时期成熟的建筑，功能逐渐完善。露天剧场观众席一般呈半圆形，用石头砌筑台阶和坐席，表演区是一块圆形平地，供合唱队使用，在剧场后面的屋子设化妆室和道具室等，屋外墙面逐渐发展为舞台背景。这时期对剧场的声学有了初步研究和设计，建于公元前 4 世纪的埃皮道鲁斯剧场（图 12.13），共有 55 排座位，能容 12000 人，音响效果极佳，直径 20.3 米的圆形表演区已成为乐池。位于希拉波里斯古城的剧场（图 12.14），在舞台化妆室小屋后面，造了一个大会堂，大约能容纳 1 万人。

图 12.13 埃皮道鲁斯剧场（左）

图 12.14 希拉波里斯剧场及会堂（右）

3. 祭坛

古希腊祭坛也是新发展成的建筑类型，小亚细亚的帕加马卫城建筑群在一个地形复杂的高地上，公元前 2 世纪在卫城的陡坡上建造的宙斯祭坛（图 12.15），成为这一时期的经典建筑，祭坛呈 U 字形，宽 36.6 米，深 34.2 米，中部是 20 米宽的台阶，拾级而上可到祭坛，祭坛基座高 5.34 米，基座上部是一圈爱奥尼式柱廊，柱廊高 3 米多，低于基座高度，祭坛壁面上是约 120 米长的一圈高浮雕，主题是奥林匹克诸神与巨人的战斗，象征帕加马对高卢人的胜利。

图 12.15　宙斯祭坛

4. 市场敞廊

古典时期，城市市场周边常设有庙宇、商店、旅舍及敞廊等建筑。敞廊是供休息、贸易和集会的长条形建筑，从实用角度出发，多为不规则形，布局灵活。古希腊晚期，敞廊进一步发展，沿市场的一面或几面设置敞廊，开间一致，形象完整。建于公元前 3 世纪的阿索斯广场（图 12.16），敞廊进深大，中央用一排柱子把它隔为两进，立面采用叠柱式，下层为粗壮的多立克柱式，上层为纤丽的爱奥尼柱式。

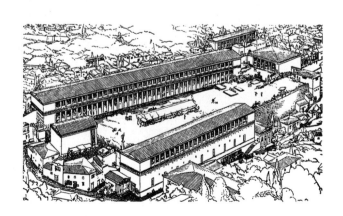

图 12.16　阿索斯广场复原想象图

【欣赏古希腊建筑】

雅典卫城

公元前5世纪上半叶，以雅典为首的希腊城邦打败了波斯入侵，战后雅典进行了卫城（图12.17）建设。卫城位于雅典城中央一处山冈上，山势陡峭，东西长约280米，南北最宽处约130米，高于周围地面70至80米。卫城主要建筑物位于西、北、南三侧，入口位于西端，上有山门、胜利女神庙、帕特农神庙及伊瑞克提翁庙等，布局顺应地势及参观流线，蔚为壮观。

图12.17 雅典卫城

作为当时全希腊的政治、文化中心，雅典卫城综合了多立克、爱奥尼两种柱式艺术，建筑物都用白色大理石砌筑，和谐统一。完工的雅典卫城达到了古希腊圣地建筑群、庙宇、柱式和雕刻的最高水平，它的布局方式和创作手法一直影响到现在。

1.卫城山门

卫城山门（图12.18）建于公元前5世纪，被认为是当时最美的建筑物，建筑师是穆尼西克里。山门位于卫城陡峭的西端，由于地形高差，隔墙分为高低两部分，气势雄伟。外侧立面是多立克式柱廊，前后各设6根柱，内部沿中央道路的两侧各设3根爱奥尼柱，立面建筑综合了两种柱式，这是在卫城山门的首创。

2.胜利女神庙

胜利女神庙（图12.19）位于山门的一侧，设计人是卡利克拉特，神庙是爱奥尼式的建筑，台基长8.15米，宽5.38米，前后廊各4根爱奥尼柱，柱子比较粗壮少见。建筑檐壁、女儿墙外

侧布满浮雕，内容是希腊抵抗波斯侵略战争的场面。建筑的位置、构图及装饰，与庆祝胜利的主题相呼应，成为卫城上的建筑艺术精品。

图 12.18　卫城山门（左）

图 12.19　胜利女神庙（右）

3. 帕特农神庙

帕特农神庙（图 12.20）始建于公元前 447 年，是卫城中部的主要建筑，主要设计人是伊克底努，雕刻由费地和他的弟子创作。帕特农神庙有以下特点：一是位于卫城地势最高处，人群穿过山门后有很好的观赏距离；二是作为希腊本土最大的多立克式庙宇，采用围廊式布局，长边 17 柱，短边 8 柱，柱高 10.43 米，底径 1.9 米；三是全部用大理石砌成，山墙、檐壁上布满雕刻，是杰出的雕饰作品。

【匠心技艺】

帕特农神庙尺度大，为避免正常视觉下的失真感，对立面柱子粗细、倾斜角度、基石的弧度等方面进行了"视觉矫正"，使得帕特农神庙看起来更有弹力和生动。

图 12.20　帕特农神庙

圣堂内部的南、北、西三面是多立克列柱，为双层叠柱式，与神像的空间对比，以反衬出神像的高大和内部的宽阔。内部朝西的一侧是存放国家财物和档案的方厅，里面有 4 根爱奥尼柱，构思与山门一样。

帕特农神庙是古希腊多立克柱式建筑的最高成就，构图比例匀称，风格高贵典雅、刚劲雄健。

4. 伊瑞克提翁庙

伊瑞克提翁庙（图 12.21）建于公元前 421 年—前 406 年，是爱奥尼式建筑，位于断坎相交的地方，建筑师很好地处理了各个立面，使构图完整均衡，各部分互相呼应。南侧为 6 根大理石雕刻而成的少女像柱（图 12.22），避免了南立面的呆板形象，风格秀丽清雅，显示了卓越的建筑技艺。

雅典卫城被认为是欧洲文明的诞生地之一，集古希腊雕刻及建筑的最高技艺于一身，是古希腊人们崇尚民主与自由，进行智慧创造的结晶。

图 12.21　伊瑞克提翁庙（左）

图 12.22　伊瑞克提翁庙女神柱廊（右）

【评价古希腊建筑】

宙斯神庙（图 12.23）建于公元前 470 年，位于希腊雅典卫城东南面，是古希腊最大的神庙。结合本讲所学的知识，查阅相关资料，分析宙斯神庙柱式特点及与帕特农神庙的区别。

图 12.23　宙斯神庙遗址

柱式特点：

与帕特农神庙的区别：

第13讲
古罗马建筑

　　了解古罗马建筑的发展概况；熟悉古罗马柱式、主要建筑类型特征、《建筑十书》的意义；掌握古罗马万神庙、大角斗场等建筑的艺术成就。

【观看手绘君士坦丁凯旋门】

　　请扫码观看《手绘君士坦丁凯旋门》视频。君士坦丁凯旋门是古罗马现存的三座凯旋门之一，是为庆祝君士坦丁大帝战胜强敌并统一帝国而建，建筑有三个拱门，高21米，立面充满了各种精美的浮雕，气势恢宏，也是巴黎凯旋门的设计参考蓝本。

扫码观看
《手绘君士坦丁凯旋门》
视频

【走近古罗马建筑】

> 诗人爱伦·坡曾说过："光荣属于希腊，伟大属于罗马。"古罗马建筑方面继承了古希腊的建筑文化以及学习伊特鲁里亚人的工程技术，将柱式、拱券与多样的公共建筑类型完美结合，创造了新的形制和造型，成为世界建筑艺术宝库的一颗明珠。

一、古罗马建筑发展

古罗马起源于意大利半岛中部，先后经历罗马王政时代、罗马共和国、罗马帝国三个时期，公元前 3 世纪，古罗马统一了全意大利，将古希腊柱式与拱券进行结合，建造新的建筑及城市形象。公元前 30 年起，古罗马以地中海为中心，建立起跨越欧亚非的大帝国，建筑空前繁荣。

（一）罗马共和时期

罗马共和时期基本统一了意大利半岛，建筑吸收伊特鲁里亚地区在石工、陶瓷构件上的高超技艺，形成初步拱券结构的建筑。古罗马在道路（图 13.1）、桥梁与输水道等方面进行大规模建设，承袭希腊建筑文化，发展了古希腊柱式，在神庙（图 13.2）、剧场、竞技场、浴场等公共建筑上成绩突出。

图 13.1　古罗马大道（左）

图 13.2　古罗马女灶神庙（右）

（二）罗马帝国时期

公元 1 世纪，罗马帝国版图横跨欧亚非三大洲，开启了建筑盛期，这时期建筑多以歌颂战争胜利、炫耀财富为主，有雄伟壮丽的凯旋门（图 13.3）、纪功柱（图 13.4）、以皇帝名字命名的广场以及神庙建筑，同时也有为丰富世俗生活建设的豪华剧场、浴场、角斗场等。建筑规模巨大，数量众多，分布之广、类型之丰都是之前没有的，形成了成熟的形制和艺术手法。

公元 3 世纪起古罗马动荡不安，经济衰退，建筑活动也逐渐没落，首都东迁到拜占庭后，帝国分裂为东、西罗马帝国，直至公元 476 年，西罗马帝国灭亡。

图 13.3　塞维鲁凯旋门（左）

图 13.4　图拉真纪功柱（右）

二、古罗马建筑成就

古罗马建筑的主要成就是发展古希腊柱式并与拱券结合，开拓新的建筑类型，构图和谐统一、形式多样。结构的成熟使建筑内部空间扩大，空间组织成熟，诞生了欧洲最早的建筑著作——《建筑十书》。

（一）拱券技术

拱券技术的发展与古罗马天然混凝土材料的发明密不可分。公元前 1 世纪中叶，天然混凝土在拱券结构中几乎替代了石块材料，为新类型建筑的产生奠定了基础。

【创新创造】

古希腊时期还未出现成熟的拱券技术，神庙屋顶通过石板搭接，结构并不稳定，伴随地震、战争，多数坍塌，只留下部分石柱。到古罗马时期伴随拱券技术的不断发展，建筑空间不断扩大，形成了拱券、穹顶建筑，成就了古罗马建筑的辉煌。

古罗马建筑中拱券的不断创新，使建筑内部空间扩大，建筑布局方法、空间组合、艺术形式和风格也随之发生变化。早期的拱为筒形拱，公元前 4 世纪，古罗马城下水道出现真正的发券。公元 1 世纪中叶出现十字拱，十字拱底设支柱，不用承重墙，建筑内部空间得到解放，同时十字拱顶开侧窗，改善了内部空间的采光环境。公元 2 至 3 世纪，拱和穹顶的跨度不断扩大，公共浴场空间开阔，初步形成了轴线空间序列。公元 4 世纪，为建筑进一步减轻结构重量，将拱顶承重和围护部分分开，形成肋架拱结构。

在拱券的不断发展下，古罗马人创造了许多建筑奇迹。公元 4 世纪建设的玛克辛提乌斯巴西利卡（图 13.5），具有高大的拱顶和跨度。尼姆城的输水道（图 13.6），有一段架在 3 层叠起来的连续券上，最高处有 49 米，最大的券跨度达 24.5 米。罗马城里的万神庙直径和高度都达到 43.3 米，成为当时最高世界纪录。

> **【扩展思考】**
>
> 巴西利卡是古罗马的一种公共建筑形式，其特点是平面呈长方形，分为中央大厅和侧廊，中央大厅较高，侧廊则较低，高差处可以开窗，在古罗马建筑中得到了广泛应用，罗马风教堂也多采用巴西利卡形式。

图 13.5　玛克辛提乌斯巴西利卡（左）

图 13.6　古罗马输水道（右）

（二）古罗马柱式

古罗马柱式（图 13.7）继承了古希腊的柱式，根据新的建筑形象加以发展，形成了古罗马的多立克、爱奥尼、科林斯三种柱式，同时发展了塔司干柱式和复合柱式，罗马柱式同拱券结合及协调多层立面，形成了券柱式、叠柱式和巨柱式。

1. 多立克柱式

与古希腊多立克柱式相比，古罗马多立克柱式柱径与柱高之间的比例为 1∶8，设有柱础，柱头（图 13.8）下端添上一圈环状

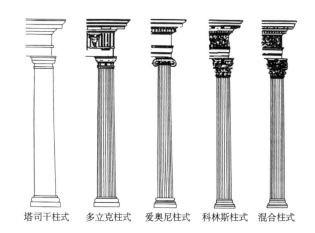

塔司干柱式　多立克柱式　爱奥尼柱式　科林斯柱式　混合柱式

图 13.7　古罗马柱式

图 13.8　古罗马多立克柱头（左）

图 13.9　古罗马爱奥尼柱头（右）

装饰，檐壁上的三陇板已成为纯粹的装饰构件，没有了古希腊多立克柱式的刚劲雄健之势。

2. 爱奥尼柱式

古罗马爱奥尼柱式柱径与柱高之间的比例为 1∶9，柱头（图 13.9）上两个涡卷间的连接由古希腊的曲线改为水平直线。

3. 科林斯柱式

古罗马科林斯柱式深受罗马人喜爱，柱式比例轻巧，柱径与柱高比例为 1∶10，比爱奥尼柱式更为纤细，柱头（图 13.10）是用忍冬草作装饰，细部丰富、装饰性更强。

4. 塔司干柱式

公元前 4 世纪，罗马人创造了塔司干柱式（图 13.11），塔司干柱式是罗马五柱式中最粗壮的柱式，柱径与柱高之间的比例为 1∶7，主要用在古罗马共和时期的建筑中，多使用在多层建筑的底层，形式和多立克柱式很相似，但柱身不设凹槽，装饰朴素。

5. 混合柱式

混合柱式具有很强的装饰性，柱头（图 13.12）上既有爱奥尼柱式的涡卷，又有科林斯柱式的忍冬草叶，柱上帽布满了雕刻，装饰线脚更为丰富。

古罗马人创造性地解决了柱式与拱券结构的矛盾，发展了券柱式（图 13.13），柱子凸出于墙面大约 3/4 个柱径，构图很成功，柱式从结构作用变为装饰。还创造性地解决了柱式和多层建筑物的矛盾，形成了成熟的叠柱式（图 13.14）布局，底层用塔斯干柱式或罗马式多立克柱式，二层爱奥尼柱式，三层用科林斯柱式，四层用科林斯壁柱。也有通过巨柱式贯穿两层的做法，如巴尔贝克太阳神庙。

图 13.10　古罗马科林斯柱头（左）

图 13.11　古罗马塔司干柱头（中）

图 13.12　古罗马混合柱式柱头（右）

图 13.13　券柱式（左）

图 13.14　叠柱式（右）

（三）主要建筑类型

古罗马世俗生活很丰富，建筑的类型很多，城市集中了广场、神庙、剧场、角斗场、浴场等公共建筑，建筑形制成熟，质量很高。

1. 广场

古罗马广场多位于城市中心，是市民集会、政治和宗教生活的中心。从共和时期到帝国时期，古罗马先后造了许多广场。

（1）共和时期的广场

古罗马共和时期，广场继承古希腊晚期的传统，在广场周围分散布置庙宇、演讲台、商场、牲口市、法庭和会议厅等建筑，没有统一规划，布局较为自由，与罗马共和制度相适应，成为城市的社会、政治和经济活动中心。古罗马的罗曼努姆广场（图 13.15），呈现梯形，建筑布局灵活。

（2）帝国时期的广场

古罗马帝国时期的广场（图 13.16）逐渐成为皇帝个人的纪念物，以皇帝的庙宇作为整个构图的中心，有明确的轴线，空间从开放的变为封闭。在古罗马罗曼努姆广场边上依次建立起来的凯撒广场、奥古斯都广场（图 13.17）和图拉真广场（图 13.18），均是轴线布局，封闭式广场。其中规模最大的图拉真广场，沿近 300 米轴线纵深布局图拉真广场、乌尔比巴西利卡、图拉真庙，室内外空间交替，乌尔比巴西利卡之后小院子中央立着 35.27 米高的纪功柱。空间的强烈对比，塑造对皇帝的个人崇拜。

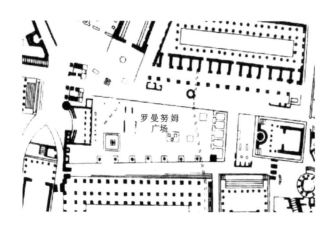

图 13.15　罗曼努姆广场平面

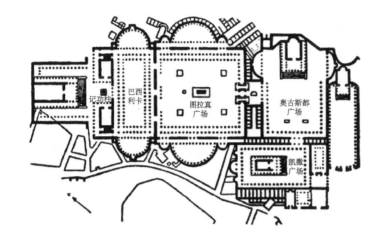

图 13.16　罗马帝国广场群平面

图 13.17　奥古斯都广场复原图（左）

图 13.18　图拉真圆柱和教堂遗址（右）

2. 剧场和斗兽场

　　古罗马的剧场规模比古希腊小，受城市环境的制约，多建造在城市中央平地，用放射形排列的筒形拱把观众席支撑起来，与古希腊依山势建造不同。观众席的形制与古希腊晚期的一致，舞台后面的化妆室规模扩大，有细致的声学设计。古罗马城的马采鲁斯剧场（图 13.19）观众席最大直径为 130 米，可以容纳约 1.4 万人，外墙分上下两层，是券柱式。

　　斗兽场兴起于共和末期，平面为长圆形，中央一块平地作为表演区，周围看台逐排升起。罗马的大角斗场（图 13.20）建于公元 72 至 79 年，立面分为四层，高 48.5 米，下面三层为券柱式，底层用塔司干柱式，第二层用爱奥尼柱式，第三层用科林斯柱式，第四层是实墙，装饰科林斯壁柱。立面的券柱式形成了虚实的光影变化。内部观众席可容纳 8 万人观看，看台分为五区，前

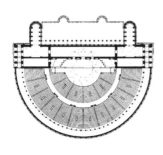

图 13.19　马采鲁斯剧场平面（左）

图 13.20　大角斗场（右）

面一区是荣誉席，最后两区是下层群众的席位，中间是骑士等地位比较高的公民席。

3. 庙宇

古罗马庙宇形制仿古希腊，多为矩形平面，位于城市广场建筑群中，大多为前廊式庙宇（图 13.21），强调正立面形象，前廊较深，可达 3 间。

叙利亚的巴尔贝克神庙（图 13.22）是规模宏大的古罗马建筑群，建于公元 1 至 3 世纪，由大庙、朱比特庙（小庙）和维纳斯庙等组成，装饰华丽。大庙为双层围柱式。古罗马的万神庙建于公元前 27 年，是穹隆顶覆盖下的集中式庙宇形制。

4. 公共浴场

共和时期，古罗马公共浴场模仿古希腊晚期样式，来满足居民的多样化需求，内部设置图书馆、音乐厅、演讲厅、交谊室、商店等，是一个多功能的综合体，房间布局自由，空间不对称。

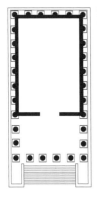

图 13.21　前廊式神庙平面（左）

图 13.22　巴尔贝克神庙（右）

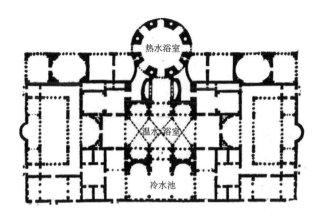

热水浴室

温水浴室

冷水池

图 13.23 卡拉卡拉浴场平面（中部）

　　帝国时期，古罗马公共浴场的数量、规模都达到了顶峰。公元 3 世纪，由于十字拱和拱券平衡结构体系的成熟，房间的平面规整，形成了轴线空间序列。古罗马的卡拉卡拉浴场（图 13.23）和克利提乌姆浴场是这一时期的典型代表。卡拉卡拉浴场平面呈对称式布局，中轴线上依次布置冷水浴、温水浴和热水浴三个大厅，顶部结构采用十字拱，通过横墙抵抗拱顶侧推力，内部空间开敞。顶部高差形成的高侧窗使内部获得了很好的采光环境，多种功能围绕大厅有序布置，内部空间组织有序，形成多层次空间序列。

　　5. 凯旋门

　　凯旋门是罗马帝王为纪念战争胜利而建造的纪念性建筑物。多建于帝国时期，位于城市主要街道或广场。典型形制是一个或三个拱门的券柱式立面，中央拱门高大宽阔，两侧拱门较小，拱门上刻有浮雕，上部女儿墙上刻铭文和浮雕，顶部有象征胜利的青铜马车，罗马古城现存三座凯旋门，分别为提图斯凯旋门、塞维鲁凯旋门和君士坦丁凯旋门。

　　提图斯凯旋门（图 13.24）高 14.4 米，宽 13.3 米，只有 1 个拱门，两侧用双柱，立面台基较高，为混凝土浇筑，大理石贴面，券洞内墙上的浮雕精美，建筑整体呈现稳定、威武之势。

　　君士坦丁凯旋门（图 13.25）高 21 米，宽 25.7 米，有 3 个拱门，中央的拱门高 11.5 米，宽 6.5 米，两侧的拱门则高 7.4 米，宽 3.4 米，拱门上方有雕刻图案，装饰华丽。

（四）建筑理论发展

　　古罗马建筑的巨大成就也带动了建筑理论的发展，公元前1世纪，古罗马工程师维特鲁威（图 13.26）总结城市规划、建筑设计及施工经验，历时 10 年完成了建筑巨著《建筑十书》（图 13.27）。全书分十卷，主要内容有建筑师的修养和教育、建筑构图法则、柱式、城市规划原理、市政设施、庙宇、公共建筑物和住宅的设计原理、建筑材料的性质、生产和使用、建筑构造做法、施工和操作、装修、水文和供水、施工机械和设备等，十分完备。

图 13.24　提图斯凯旋门（左）

图 13.25　君士坦丁凯旋门（右）

图 13.26　维特鲁威（左）

图 13.27　《建筑十书》插画（右）

《建筑十书》成就显著，一是奠定了欧洲建筑科学的基本体系，两千年来，一直是欧洲建筑体系的重要参考理论；二是系统地总结了希腊和早期罗马建筑的实践经验，系统探讨了建筑物的选址、形制、技术等问题；三是全面地建立了城市规划和建筑设计的基本原理，以及各类建筑物的设计原理，总结出建筑物"坚固、实用、美观"三大要素；四是把理性原则和直观感受结合起来，把理想化的美和现实生活中的美结合起来，论述了一些基本的建筑艺术原理。

【欣赏古罗马建筑】

古罗马万神庙

公元前 27 年开始，为纪念早年的奥古斯都打败安东尼和克利奥帕特拉而建的一座庙，称万神庙，是古罗马典型的前廊式长方形庙宇，毁于公元 80 年。后由阿德良皇帝主持重建，采用了穹顶覆盖的集中式形制，创造了单一空间集中式构图建筑的代表，成为古罗马穹顶技术的最高代表。

万神庙平面呈圆形，穹顶直径 43.3 米，与顶端高度相同。顶部中央圆洞与室外连通，直径 8.9 米，光线通过圆洞进入室内，渲染宗教宁谧的氛围。圆形建筑立面（图 13.28）分为三层，下层贴白色大理石，上两层抹灰，入口设置科林斯门廊，影响了整体的圆形构图。

万神庙穹顶通过混凝土和砖砌筑，下部墙厚 5.9 米，上部墙厚 1.5 米，墙体逐渐减薄符合空间受力，整个穹顶下为 6.2 米厚实墙，墙内发券，龛内放置神像。

万神庙内部空间（图 13.29）艺术处理成熟，墙面贴大理石板，穹顶顶部被划分成均匀的凹格，越往上越小，构图富有韵律且连续统一，具有单纯、和谐之美，当天光从圆洞射入室内，渲染出神秘的宗教气氛。

【评价古罗马建筑】

克罗地亚的奥古斯都神庙（图13.30）是为了纪念第一位罗马皇帝奥古斯都而建成，建于公元前2年，1944年被炸弹炸毁，之后重建。结合本讲所学的知识，查阅相关资料，分析奥古斯都神庙柱式特征及与古希腊神庙的异同。

图13.28　古罗马万神庙外部（左）

图13.29　古罗马万神庙室内穹顶（右）

图13.30　克罗地亚的奥古斯都神庙

柱式特征：

与古希腊神庙的异同：

第 14 讲
拜占庭建筑

　　了解拜占庭建筑的发展概况；熟悉拜占庭建筑穹顶和集中式形制及装饰艺术特征；掌握拜占庭建筑的代表作品圣索菲亚大教堂的建筑艺术成就。

【观看手绘圣索菲亚大教堂】

　　请扫码观看《手绘圣索菲亚大教堂》视频。圣索菲亚大教堂是拜占庭帝国的主教堂，位于土耳其伊斯坦布尔，是集中式形制，东西长约 77 米，南北长约 71 米，中央穹隆突出，创造了以帆拱上的穹顶为中心的复杂拱券结构平衡体系，是拜占庭帝国极盛时代的纪念碑。

扫码观看
《手绘圣索菲亚大教堂》
视频

【走近拜占庭建筑】

　　拜占庭建筑指公元 4 世纪至 15 世纪的东罗马帝国建筑，它继承古罗马建筑文化，同时汲取了波斯、叙利亚等东方建筑文化，形成了自己独特的穹顶建筑体系，对后来欧洲的教堂建筑、伊斯兰教清真寺产生深远影响。

一、拜占庭建筑发展

　　公元 4 世纪，君士坦丁皇帝迁都到东方的拜占庭（后改名君士坦丁堡），古罗马帝国（图 14.1）分裂为东西两部分，公元 479 年西罗马帝国灭亡，东罗马帝国则进入强盛时期，后称为拜占庭帝国。

　　基督教在公元 4 世纪就已盛行，后分为西欧的天主教和东欧的东正教，由于君士坦丁皇帝皈依基督教，教堂是这一时期最具代表性的建筑，早期的基督教堂仿照古罗马时期"巴西利卡"的形制建造。同时，君士坦丁皇帝也动用大批工匠建设首都，建造了城墙（图 14.2）、道路、宫殿、公共浴场、角斗场等建筑。

　　公元 5 至 6 世纪，帝国进入极胜时期，公共广场、公共浴场、府邸、游乐场以及纪念性建筑大量建造。这时期，东正教教堂发

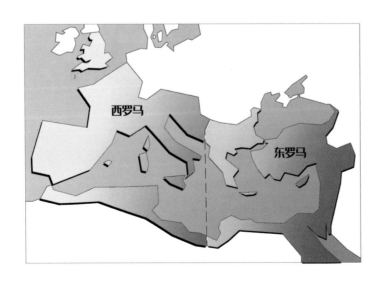

图 14.1　古罗马帝国疆域示意图

图 14.2　君士坦丁堡城墙
复原部分

展了古罗马的穹顶结构和集中式形制，形成了拉丁十字式形制平
面，成为后期天主教正统的教堂形制。

公元7世纪之后，拜占庭国瓦解，出现带小穹顶的建筑样式，
影响了阿拉伯的伊斯兰建筑。

二、拜占庭建筑成就

拜占庭建筑从古典时期的外部形象处理，到逐步重视内部空
间组织与装饰，取得了辉煌成就。

（一）穹顶和集中式形制

拜占庭建筑的代表是东正教教堂，创造了把穹顶支承在 4 个
或者更多的独立支柱上的结构方法和相应的集中式建筑形制。

1. 穹顶与帆拱

拜占庭穹顶技术和集中式形制借鉴了波斯、西亚建筑，做法
是在四个柱墩上，沿方形平面的四边发券，在四个券之间砌筑以
方形平面对角线为直径的穹顶，穹顶重量由四个券承担，摆脱了
承重墙的限制，扩展了内部空间。为了进一步完善集中式形制的
外部形象，又在方形平面四个券的顶点高程上作水平切口，在这
切口之上再砌半圆穹顶，水平切口和四个发券之间所余下的四个
球面三角形部分，称为帆拱（图 14.3），后期在水平切口上砌一
段圆筒形的鼓座（图 14.4），穹顶砌在鼓座上端，穹顶的外部形
象更加突出，帆拱、鼓座、穹顶的巧妙结合，成为拜占庭建筑特
有的结构组合形式。

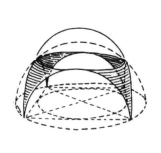

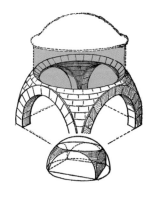

图 14.3　帆拱（左）

图 14.4　帆拱上的鼓座（右）

2. 希腊十字平面

东正教教堂为中央的穹顶和它四面的拱形成的等长十字形平面，称希腊十字平面（图 14.5）。平衡中央穹顶的侧推力的具体做法是对着帆拱下的大发券砌筒形拱，后者在中央穹顶四面用4 个小穹顶代替筒形拱来平衡侧推力，在外观上出现中央一个大穹顶，周边 4 个穹顶的造型，如意大利威尼斯的圣马可教堂穹顶（图 14.6）。

（二）装饰艺术

拜占庭建筑的主要建筑材料是砖头和混凝土，室外多为红砖墙面，非常朴素，而室内使用彩色玻璃镶嵌、粉画饰面以及雕塑造型，非常华丽。

1. 玻璃马赛克和粉画

拜占庭建筑的内部装饰色彩斑斓，平整的墙面往往铺贴彩色大理石板，拱券和穹顶等弧形面则用马赛克（图 14.7）或粉画

图 14.5　希腊十字平面（圣马可教堂）（左）

图 14.6　圣马可教堂穹顶（右）

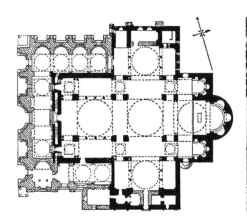

装饰，多以人物、动物、植物等为主题。为保持大面积色调的统一，在马赛克图案后面先铺一层底色，前期为蓝色，后来采用金箔做底，形成了统一的艺术效果。粉画则一般常用在规模较小的教堂，墙面抹灰处理后由画师绘制。大面积的马赛克和粉画，造就了拜占庭教堂富丽的内部空间。

2. 石雕

拜占庭建筑对发券、拱脚、柱头、檐口等石头砌筑部分进行雕刻装饰（图 14.8），以几何图案或植物图形为主。不拘泥于希腊柱式和罗马柱式规则，在建筑柱式上雕塑花纹，形成透雕的图案，虽然精美，但与建筑的结构逻辑不符。

图 14.7 拜占庭彩色玻璃画（左）

图 14.8 拜占庭建筑柱头雕饰（右）

【欣赏拜占庭建筑】

一、圣索菲亚大教堂

君士坦丁堡的圣索菲亚大教堂（图 14.9）是东正教的中心教堂，是拜占庭帝国极盛时期的纪念碑。

教堂为集中式形制（图 14.10），东西长 77 米，南北长 71 米，中央的大穹顶直径 32.6 米，通过帆拱支承在 4 个大柱墩上。中央穹顶的侧推力由东西两面的半个穹顶扣在大券上抵挡，它们的侧推力再由斜角上更小的半穹顶和东西两端各两个柱墩来平衡。小半穹顶的侧推力由两侧更矮的拱顶平衡，中央穹顶的南北方向以

图 14.9 圣索菲亚大教堂

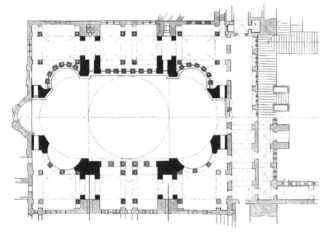

图 14.10 圣索菲亚大教堂
平面

图 14.11 圣索菲亚大教堂
室内穹顶

四片墙平衡侧推力，结构受力关系明晰，空间通透。

教堂内部（图 14.11）穹顶底部肋之间密排着一圈 40 个窗洞，似乎穹顶是飘在天空上，空间变得轻盈，自然光线透过彩色玻璃进入教堂，增加了宗教气氛。教堂地面、墙面和柱子表面铺有斑纹的白、绿、黑、红等彩色大理石组成各种图案，柱子多为深绿色，少数为深红色，柱头为白色，镶以金箔，穹顶和拱顶大面积以金色为底，镶嵌玻璃马赛克。

公元 1453 年，土耳其人占领君士坦丁堡后把圣索菲亚大教堂改成了清真寺，在周围修建了 4 个高大的尖塔。

二、东欧小教堂

13 世纪东欧形成了封建分裂局面，各地教堂的规模都很小，教堂的穹顶举起在鼓座之上，非常饱满，统率整体而成为中心，形成舒展多变的造型，外墙用壁柱、券和雕刻的线脚和图案作装饰。这类教堂流行在俄罗斯、罗马尼亚、保加利亚和塞尔维亚等东正教国家。

俄罗斯的华西里·伯拉仁内教堂（图 14.12）造型别致，九座塔楼组合为一体，塔顶部为彩色洋葱头状的穹顶组成，八个参差不齐的墩体簇拥着中央形体，形体高低错落，富于变化，成为东欧小教堂建筑中的珍品。

【评价拜占庭建筑】

我国哈尔滨圣索菲亚教堂（图 14.13）是拜占庭式建筑，高约 53 米，是远东地区最大的东正教教堂，气势恢宏，精美绝伦。结合本讲所学的知识，查阅相关资料，分析哈尔滨圣索菲亚教堂在建筑材料、建筑色彩等方面的特色。

图 14.12　华西里·柏拉仁内教堂（左）

图 14.13　哈尔滨圣索菲亚教堂（右）

建筑材料：

建筑色彩：

第 15 讲
西欧中世纪建筑

了解西欧中世纪建筑的发展概况；熟悉西欧罗马风建筑、哥特式建筑的结构及风格特征；掌握意大利比萨主教堂群、巴黎圣母院等代表建筑的艺术成就。

【观看手绘巴黎圣母院】

请扫码观看《手绘巴黎圣母院》视频。巴黎圣母院位于巴黎市中心，拉丁十字形制，西立面为主立面，两座钟塔夹住中部，上下分为三层，底部设有三个入口，建筑立面雕刻精美，是欧洲早期哥特式建筑的杰出代表，具有极高的历史文化价值。

扫码观看
《手绘巴黎圣母院》
视频

【走近西欧中世纪建筑】

　　从公元 476 年西罗马帝国灭亡，一直到 1453 年东罗马帝国灭亡，是欧洲的中世纪。欧洲东部的拜占庭帝国统一，继承古罗马建筑文化，形成了拜占庭建筑体系，而西欧则由于封建割据状态，宗教神学成为影响建筑发展的主要因素，发展了哥特式建筑风格。

一、西欧中世纪建筑发展

　　中世纪西欧建筑发展经历了早期基督教建筑、罗马风建筑和哥特式建筑三个发展阶段。这一时期，教堂和修道院建筑是主要的建筑类型，其次是帝王宫殿、贵族城堡等。

　　（一）早期基督教建筑

　　从西罗马帝国灭亡到公元 10 世纪左右，西欧建筑发展缓慢，建造粗糙，只有教堂和修道院是比较好的建筑物。各地教堂形制基本延续古罗马时期的巴西利卡（图 15.1）形制，在长方形的大厅中，通过纵向排列的柱子把空间分为中央高、两侧低的空间，通过屋顶高差开高侧窗采光。屋顶结构多为木屋架，结构轻巧，支撑柱较细，形成内部疏朗的空间，便于聚会，成为西欧天主教的主要建筑形制。

　　随着宗教仪式日趋复杂及参加仪式人员的增多，原有巴西利卡式空间难以满足要求，在祭坛前增建一道横向厅，形成纵横交错的十字形平面，纵向厅较长，横向厅较短，形成拉丁十字式平面。拉丁十字式成为之后西欧天主教堂形制，如罗马的圣保罗教堂（图 15.2）。

　　（二）罗马风建筑

　　公元 10 世纪后，西欧各地经济复苏，公共建筑类型逐渐变多。法国盛行修道院制度，建设了大量修道院，修道院的教堂横厅发展，有的出现两个横厅。随着古罗马拱券技术从意大利传到西欧各地，教堂建筑开始采用拱券结构及柱式，与古罗马建筑风格相仿，被称为罗马风建筑。德国美茵茨主教堂（图 15.3），平

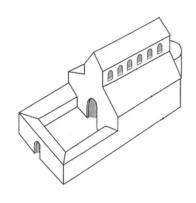

图 15.1　巴西利卡式教堂示意（左）

图 15.2　罗马圣保罗教堂（右）

面是巴西利卡式，中殿用了交叉拱顶，外立面有圆拱窗和圆拱假窗，这些都是古罗马的建筑语言。

早期罗马风教堂为教士建设，拉丁十字式形制，体形简单，墙体和支柱厚重，砌筑很粗糙。后期随着世俗工匠的加入，教堂开始追求美观，体形逐渐丰富。教堂的钟塔、采光塔、圣坛等形体丰富了建筑轮廓，立面上扶壁、连续小券装饰带、空券廊、古典柱式、窄而深的门窗洞、多层线脚等元素（图 15.4），成为罗马风建筑重要特征。

12 世纪教堂在结构技术方面进步较大，但总体空间比较封闭，拱顶的平衡没有明确可靠的方案，墙厚窗小，内部空间昏暗，通透性比较差。

图 15.3　美茵茨大教堂（左）

图 15.4　比萨教堂立面细部（右）

（三）哥特式建筑

从 12 世纪到 16 世纪，以法国为中心，教堂建筑在立面造型、结构技术上取得大的突破，区别于之前的罗马风特征，形成了独特的哥特式建筑艺术，后在欧洲盛行，使教堂成为城市的重要标志。哥特式教堂以尖券、肋骨拱为特征，高耸直立、垂直向上的形象，营造了空灵虚幻的意境。后期哥特式教堂除了举办宗教仪式，也作为市民聚会及婚丧大事等场所使用，开始世俗化了。

最早的哥特式建筑是长老许杰主持建造的在巴黎北区王室的圣德尼教堂，其建筑结构与西立面构图为后期哥特式教堂提供了参考范例。哥特式教堂与夏特尔主教堂（图 15.5）配套成型，成熟的代表是巴黎圣母院，最繁荣时期的作品有韩斯主教堂（图 15.6）、亚眠主教堂，装饰开始变得繁冗。

哥特式主教堂的形制基本是拉丁十字式，教堂西立面造型多为一对大塔，在德国的一些主教堂西立面设一塔，如乌尔姆主教堂（图 15.7）。15 世纪后，英国发展了"垂直式"哥特建筑，法国发展了"辉煌式"哥特建筑，是哥特式建筑晚期的发展方向。英国"垂直式"哥特建筑拱顶骨架弯曲盘绕，装饰华丽，脱离了建筑结构，如伦敦西敏寺亨利七世礼拜堂的拱顶（图 15.8）。法国"辉煌式"的哥特教堂装饰堆砌，垂直感被削弱，如亚眠主教堂和旺多姆的三位一体教堂。

图 15.5　夏特尔主教堂（左）

图 15.6　韩斯主教堂（右）

图 15.7　乌尔姆主教堂（左）

图 15.8　西敏寺亨利七世礼拜堂内景（右）

二、西欧中世纪哥特式建筑成就

　　西欧中世纪哥特式建筑在结构技术方面取得巨大进步，外部形象和内部空间统一，创造了独特的建筑艺术成就。

　　（一）结构技术

　　中世纪之初，西欧各地教堂多用木屋架，易起火，公元 10 世纪拱券技术开始在西欧大量使用，筒形拱、十字拱用于教堂顶部，外墙厚重。随着骨架券（图 15.9）成为拱顶的承重构件，形成框架式筒形拱、十字拱，其余围护部分用轻质材料搭接，既节省了材料，又减轻了拱顶荷载与侧推力。从 11 世纪末起，骨架券应用于法国、英国等地的教堂，教堂结构技术有了相当大的进步。

　　教堂结构同时使用两圆心的尖券和尖拱，由于其侧推力较小，而且不同跨度的尖券和尖拱可以做成相同高度，被广泛使用。使飞券将拱顶的侧推力直接传给侧廊外侧的墙垛上，侧廊外墙窗户可以开大，教堂中厅可以开高大的侧窗，教堂内部形成了较为开敞的空间。如科隆大教堂内部（图 15.10）用细柱向上伸展，与拱顶的肋连成一体，凸显向上的动感。

　　哥特式建筑采用飞扶壁来抵抗侧向荷载，哥特教堂取消了厚

> 【创新创造】
>
> 　　骨架券的出现及广泛应用，大大减轻了建筑荷载和侧推力，推动了哥特式教堂建筑的发展，教堂脱离了厚重的墙体，内部空间变得开敞，施工简化，是建筑结构的一次伟大飞跃。

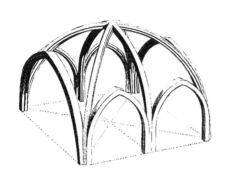

重的墙体，这种进步带来了建筑空间的变化，建筑结构技术也有
了相当大的进步。

图15.9 骨架券（左）
图15.10 科隆大教堂内部
（右）

（二）外部特征

哥特式教堂外表强调竖向的动态，扶壁、墙垣和塔越往上划
分越细，装饰越多，尖券的造型重复在立面上使用，形成了统一
的立面形象及向上的冲劲。为了形成空灵轻巧的形态，教堂的外
立面层次较多，以削弱厚重感，如法国的斯特拉斯堡主教堂立面
（图15.11），雕刻巧夺天工，三道门廊也饰有精致雕像。

哥特式教堂西立面是主立面，其典型构图是一对高塔夹着中
厅的山墙，将立面垂直分为三部分。山墙檐头上的栏杆、门洞上
的雕像龛横向联系这三部分。立面中部是圆形的玫瑰窗，构图精
美，入口设三座门洞，雕刻多层线脚。

哥特式教堂在不同地区各有特色，德国的哥特式教堂多垂直
线突出，高耸冷峻。英国的哥特式教堂水平划分很突出，比较舒
缓，常在西面造一座钟塔，但后期也发展到垂直式。西班牙的哥
特式教堂吸收伊斯兰建筑手法，采用马蹄形券、镂空的石窗棂及
几何图案或其他花纹，如西班牙布尔戈斯大教堂（图15.12）。

（三）内部特征

哥特式教堂内部有向前和向高空发展的两大趋势，内部
中厅很长，多在100米以上，从入口一直导向祭坛，宗教气氛

图 15.11　斯特拉斯堡主教堂（左）

图 15.12　布尔戈斯大教堂（右）

图 15.13　博韦主教堂内部

强烈。同时技术的发展，也使得中厅越建越高，多在 30 米以上，骨架券、尖拱形成很强的动势，形成与外部统一的垂直感（图 15.13）。

　　哥特式教堂内部雕塑、壁画等各种装饰交织，立面支柱之间布满窗户，窗框玻璃采用彩色玻璃镶嵌图画，装饰性很强，阳光透过玻璃照入室内，形成五彩斑斓的室内效果。

【欣赏西欧中世纪建筑】

一、意大利比萨主教堂群

　　意大利比萨主教堂建筑群（图 15.14）是中世纪罗马风建筑风格的典型代表，建筑群由主教堂、钟塔、洗礼堂等组成，建筑形体丰富，以空券廊为构图母题，整体和谐统一。

　　主教堂始建于 1063 年，平面为拉丁十字式（图 15.15），长 95 米，内部设 4 排科林斯式柱，中厅屋顶为木桁架结构，侧廊用十字拱。外立面用大理石砌筑。正立面首层是罗马风格的附墙柱与拱券，上方四层短柱支撑空券廊，形成丰富的光影变化。

　　钟塔建于 1174 年，圆形平面，直径约 16 米，高约 55 米，分 8 层，全部用大理石砌筑，底层墙厚达 4 米，上作浮雕式的连续券，中间 6 层为华美的空券廊，顶层缩小。塔内设置旋转楼梯通达塔顶，塔在建造时因基础不均匀沉降而倾斜，也被称为比萨斜塔（图 15.16）。

　　圆形洗礼堂建于 1153 年，直径 35.4 米，高 54 米，立面分 3 层，上面两层为空券廊，圆拱屋顶。二层局部用尖拱装饰，使用了哥特式建筑的元素。

　　意大利比萨主教堂建筑群由白色、彩色大理石砌筑，外墙和柱廊色彩亮丽，统一的罗马风空券廊在光照下虚实相生，高贵典雅。

图 15.14　比萨主教堂群

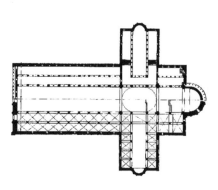

图 15.15　比萨主教堂平面（左）

图 15.16　比萨斜塔（右）

二、巴黎圣母院

　　巴黎圣母院建于 1163 年，是早期哥特式建筑的成熟实例，平面为拉丁十字式（图 15.17），宽约 48 米，长约 127 米，东端是圣坛。

　　巴黎圣母院西立面（图 15.18）构图严谨，一对塔楼夹着中厅的山墙，把立面纵分为三段，两塔之间为一个直径约 10 余米的玫瑰形大窗，象征圣母的纯洁。入口三座尖券形门洞有几层线脚，线脚上刻着成串圣像。门洞上方为一排雕像龛，安置着犹太和以色列诸王的人像雕塑，又称国王廊。教堂内部装饰朴素，其

【匠心技艺】

　　巴黎圣母院是中世纪哥特建筑的杰出代表，其高耸精致的穹顶、尖塔、多彩的玻璃花窗以及精致雕塑，塑造着中世纪的建筑美学，是匠心设计的结晶，成为之后哥特式教堂竞相模仿的对象，成为建筑史上的一个奇迹。

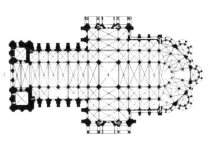

图 15.17　巴黎圣母院平面（左）

图 15.18　巴黎圣母院正面（右）

丰富的雕刻艺术和绘画艺术具有极高的历史文化价值。2019年巴黎圣母院因维修电路故障起火，导致标志性尖顶倒塌，三分之二的屋顶被毁，之后重修。

【评价西欧中世纪建筑】

科隆大教堂（图15.19）是德国科隆市的标志性建筑，工程耗时600余年，高157.38米，是世界最高的教堂，被誉为哥特式教堂建筑中最完美的典范之一。结合本讲所学的知识，查阅相关资料，分析科隆大教堂建筑结构特征及装饰特点。

图 15.19 科隆大教堂

建筑结构特征：

装饰特点：

第 16 讲
意大利文艺复兴建筑

了解文艺复兴建筑的发展历程；熟悉文艺复兴建筑的特点及代表作品；掌握文艺复兴建筑的代表人物及作品；掌握重要建筑圣彼得大教堂的建设过程及建筑艺术成就。

【观看手绘圆厅别墅】

请扫码观看《手绘圆厅别墅》视频。圆厅别墅位于意大利维琴察的一座山丘上，建筑师是帕拉第奥，别墅是集中式形制，采用对称手法，四面设置门廊和台阶，整体端庄秀丽，各部分比例和谐，成为文艺复兴晚期经典建筑。

扫码观看
《手绘圆厅别墅》视频

【走近意大利文艺复兴建筑】

14世纪，意大利开始了资本主义的萌芽，后传播到西欧其他地区，生产技术和自然科学取得重大进步，同时在思想领域产生复兴古典文化的人文主义运动，自然影响到建筑的发展，以意大利为首的文艺复兴建筑成就最高。16世纪末，伴随意大利经济衰退，文艺复兴运动结束。

一、意大利文艺复兴建筑发展

意大利文艺复兴建筑发展经历了早期、盛期及晚期走向巴洛克及教条化发展过程，其创造的新形制、空间组合及艺术手法，造就了西欧建筑的新高峰。

（一）早期文艺复兴建筑

14世纪至15世纪初，意大利佛罗伦萨经济富庶，成为早期文艺复兴运动的中心，聚集众多艺术家，不仅复兴了古典建筑，也引进了拜占庭等建筑技术和样式，创造了早期平和、舒适的建筑形象。

意大利文艺复兴建筑起始的标志是佛罗伦萨主教堂的穹顶的设计及建造过程，从建筑形制到建造过程都体现着时代的人文主义精神，成为意大利文艺复兴建筑的第一个作品。佛罗伦萨主教堂（图16.1）是为共和政体的纪念碑而建，由建筑师坎皮奥设计，平面是拉丁十字式（图16.2）。

15世纪初，建筑师伯鲁乃列斯基负责穹顶设计，他进行了创新设计，为了突出穹顶，穹顶下部砌筑12米高的鼓座，结构上借鉴哥特式骨架券结构，穹顶为内外两层（图16.3）。内层是主要受力结构，外层是围护结构，两层之间相互连接，增加稳固性，中部空的部分设置楼梯，穹顶顶部设置采光亭，底部设置一道木箍来抵抗穹顶的侧推力。伯鲁乃列斯基综合考虑了采光、地震和大风等因素，成就了西欧第一个建在鼓座上的大型穹顶。

图 16.1　佛罗伦萨主教堂

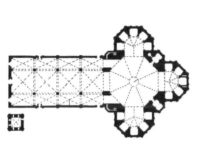

图 16.2　佛罗伦萨主教堂
平面（左）

图 16.3　佛罗伦萨主教堂
穹顶结构（右）

　　伯鲁乃列斯基也为佛罗伦萨设计了育婴院（图 16.4）、巴齐
礼拜堂（图 16.5）等建筑。育婴院是欧洲第一座为弃婴而建的慈
善建筑，建筑正面面向安农齐阿广场，立面下层采用连续券架在
科林斯柱上，上层以实墙面为主，设小窗，上下虚实对比，尺度
宜人。佛罗伦萨的巴齐礼拜堂借鉴了拜占庭建筑风格，立面下虚
上实，正中为帆拱式穹顶，形象丰富统一。

图 16.4　育婴院（左）

图 16.5　巴齐礼拜堂（右）

（二）盛期文艺复兴建筑

16 世纪上半叶，由于新大陆的拓殖和新航路的开辟，罗马城重新繁荣起来，成为新的文化中心，汇聚了出色的人文主义学者，文艺复兴运动进入盛期。建筑创作依附于教廷和教会贵族，主要的大作品是教堂、梵蒂冈宫、枢密院和贵族府邸等，如教廷的圣彼得大教堂是这一时期典型代表。建筑大多体量巨大，风格高傲，与早期形成鲜明对比。盛期文艺复兴建筑的纪念性风格的典型代表是伯拉孟特设计的罗马坦比哀多礼拜堂（图 16.6），坦比哀多礼拜堂是一座圆形集中式纪念性建筑物，高 14.7 米，外围设一圈多立克柱廊（图 16.7），穹顶部饱满，形体层次丰富，虚实映衬，极富创新感。

盛期贵族府邸风格雄伟，如小桑迦洛设计的罗马法尔尼斯府邸（图 16.8）是封闭的四合院，平面布局规整，有明显的主次轴，外立面三层，顶部设置大檐口，内院立面是三层重叠券柱式，形式壮观。

（三）晚期文艺复兴建筑

从 16 世纪下半叶开始，伴随贵族在城市复辟，进步思想被扼杀，文艺复兴进入晚期，建筑中出现了两种不同的潮流。一种倾向是不顾建筑所处地点和环境，教条地遵从古代建筑规范进行

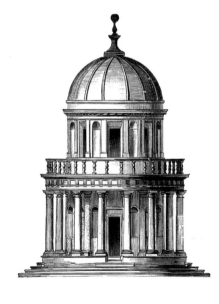

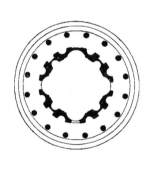

图 16.6　坦比哀多礼拜堂立面（左）

图 16.7　坦比哀多礼拜堂平面（右）

图 16.8 法尔尼斯府邸

设计，后来对法国的古典主义建筑的诞生起了促进作用，如建筑师维尼奥拉设计的罗马圣安德烈教堂（图 16.9）。另一种倾向是追求新颖造型，被称为"手法主义"，代表是罗马梵蒂冈宫花园里的教皇庇护四世别墅和罗马的美第奇别墅，多在建筑立面上堆砌壁龛、雕塑、涡卷等，体形起伏断裂或错位，用壁柱、盲窗、线脚等在立面上作构图，装饰性很强。

手法主义不断发展，到 17 世纪形成巴洛克建筑风格，建筑多使用贵重的材料，装饰华丽。建筑师们将建筑、雕刻和绘画艺术互相渗透，产生了前所未见的建筑形象。如罗马耶稣会教堂（图 16.10）是由手法主义向巴洛克风格过渡的代表作，被称为第一座巴洛克建筑。

图 16.9 罗马圣安德烈教堂（左）

图 16.10 罗马耶会教堂（右）

二、意大利文艺复兴建筑成就

文艺复兴时期涌现了一大批优秀的人文主义建筑师、艺术家、雕刻家，为欧洲创造了流传至今的众多经典建筑、城市广场，形成的建筑理论著作对欧洲建筑发展产生了深远影响。

（一）建筑师与经典建筑

意大利早期文艺复兴建筑的奠基人是伯鲁乃列斯基，他的主要建筑作品都位于意大利佛罗伦萨，重新把古典文化引进到建筑界，使用古典柱式、檐口进行创作，从育婴院、巴齐礼拜堂到佛罗伦萨的主教堂的穹顶，他创造了全新的蕴含人文主义精神的建筑形象。

意大利盛期文艺复兴建筑的奠基人伯拉孟特，曾参与圣彼得大教堂集中式方案设计，他设计的坦比哀多礼拜堂，成为集中式形制的代表，影响了欧美建筑，形象多被大型公共建筑模仿。

同样处于盛期的米开朗琪罗和拉斐尔形成了不同的创作风格。米开朗琪罗设计的建筑具有强烈的雕塑感，深深的壁龛、凸出的线脚、山花、壁柱等形象，在光的照射下形成很强的立体感，赋予建筑刚健挺拔的特征，如佛罗伦萨的美第奇家庙、劳伦齐阿纳图书馆室内（图 16.11），将建筑外立面元素应用在室内，极具张力，他设计的圣彼得大教堂穹顶造型饱满，成为罗马城的最高点。拉斐尔的设计不强调立体感，通过薄壁柱、外墙抹灰等进行装饰，佛罗伦萨的潘道菲尼府邸（图 16.12）、罗马的玛丹别墅都体现着拉斐尔安稳、细腻的设计风格。

15 世纪后半叶威尼斯建筑的代表者是彼得·龙巴都和他的家族、门人。龙巴都父子和贡都奇设计的圣马可学校（图 16.13），立面分成两组处理，各自左右对称，中轴上开门，墙面用壁柱划分，构图自由活泼。

图 16.11　劳伦齐阿纳图书馆门厅

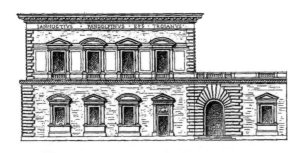

图 16.12　潘道菲尼府邸立面

图 16.13　圣马可学校（左）

图 16.14　圣马可图书馆立面（局部）（右）

16 世纪中叶，威尼斯建筑的代表者是珊索维诺，他设计的圣马可图书馆（图 16.14）位于圣马可小广场，立面两层为连续的券柱式构图，形象简洁，构图丰富。

意大利晚期文艺复兴建筑的主要建筑师是帕拉第奥和维尼奥拉。帕拉第奥作品以邸宅和别墅为主，位于意大利维琴察的圆厅别墅（图 16.15）由其设计，别墅以中央圆厅为中心，四个立面对称，建筑形体丰富，各部分构图比例和谐统一，门廊、山花等造型富有古典韵味。帕拉第奥对维晋寨的巴西利卡（图 16.16）的修复，在上下层增加了一圈外廊，在每个开间里有三个小开间，中部为一个发券，这种构图被称为"帕拉第奥母题"。

（二）城市广场

文艺复兴时期建筑群的处理日趋完善，形成了具有特色的城市广场。佛罗伦萨的安农齐阿广场（图 16.17）是早期广场，矩形平面，长轴一端是安农齐阿教堂，一侧是育婴院，另一侧是修道院，三座建筑立面均使用轻快的券廊，尺度宜人，形成了单纯完整的广场立面。

【创新创造】

帕拉第奥遵循古典式构图范式，创造性地解决了在一个较大开间中采用古典券柱式的问题，形成帕拉第奥母题，是后世建筑师引用的重要建筑元素。

0

罗马市政广场（图 16.18）为一梯形广场，建筑按轴线对称布置，正面是古罗马时代的元老院，广场地面铺砌了椭圆形图案，底边敞开，山下为大片绿地，形成很适宜的空间尺度。

圣马可广场是威尼斯的中心广场，又被称为欧洲最美客厅，包括一大一小两个梯形广场（图 16.19）。大广场东西向，位置偏北，小广场南北向，连接大广场和大运河口。广场上建筑有圣马可主教堂、旧市政大厦、新市政大厦、图书馆、总督府、钟塔（图 16.20）等，总督府、图书馆、新旧市政大厦以发券为母题，水平横向展开，形成统一的构图界面。

（三）建筑理论

伴随文艺复兴时期建筑创作的繁荣，多种建筑理论也活跃起来。1485 年，阿尔伯蒂的《论建筑》出版，模仿维特鲁威《建筑十书》体例，分十章，包含建筑材料、施工、结构、构造、经济、规划、水文等章节，以及研究各类建筑设计原理，成为意大利文艺复兴时期最重要的建筑理论著作，体系完备。同时古罗马

图 16.15　圆厅别墅（上左）

图 16.16　维晋寨巴西利卡及钟塔（上右）

图 16.17　安农齐阿广场（下左）

图 16.18　罗马市政广场鸟瞰（下右）

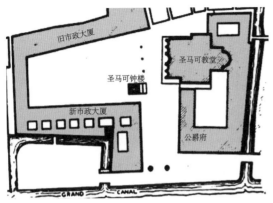 

图 16.19　圣马可广场平面
（左）

图 16.20　圣马可钟楼（右）

时期维特鲁威的《建筑十书》校订本也在 1487 年正式出版，对
文艺复兴建筑产生很大影响。帕拉第奥的著作《建筑四书》具有
浓厚的人文主义思想，重点探讨基本理论，包括柱式的研究与他
的建筑设计。维尼奥拉的《五种柱式规范》主张建筑要得体与完
美。他们的著作后来成了欧洲建筑师的教科书。

【 欣赏意大利文艺复兴建筑 】

圣彼得大教堂

意大利文艺复兴时期最伟大的建筑是 16 至 17 世纪建造的
罗马圣彼得大教堂（图 16.21），教堂在室内外空间、结构和施
工技术方面取得极高的艺术成就，成为文艺复兴建筑最伟大的
纪念碑。

图 16.21　圣彼得大教堂

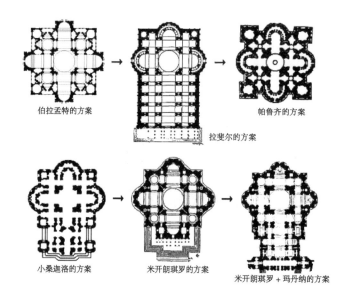

伯拉孟特的方案　　　　拉斐尔的方案　　　　帕鲁齐的方案

小桑迦洛的方案　　　米开朗琪罗的方案　　米开朗琪罗＋玛丹纳的方案

图 16.22　圣彼得大教堂的设计方案

　　教堂先后有 10 多位建筑大师参与了方案设计（图 16.22），经历了曲折的历程。

　　1505 年，教皇尤里乌斯二世为重振分裂的教会，决定重建圣彼得大教堂，经过竞赛，伯拉孟特成为工程主持人，助手为佩鲁济和小桑加洛。伯拉孟特的设计方案是集中式形制，平面是希腊十字式，四臂等长，中部为穹顶，穹顶鼓座设置一圈柱廊，形式类似坦比哀多礼拜堂。1506 年教堂正式开始动工，1514 年伯拉孟特去世。

　　新任教皇利奥十世任命拉斐尔为工程主持人，将伯拉孟特的集中式平面修改为拉丁十字式，适合了天主教的仪式，教堂东部保留原方案，西部加了近 120 米长的巴西利卡，西立面成为重要形象，削弱了穹顶形象。工程没进行多久，由于宗教改革运动和战争，工程搁置。

　　1534 年教皇保罗三世继位，重启工程。工程主持人帕鲁齐想把方案改回集中式，没有成功。1536 年，新的主持者小桑迦洛在教会的压力下，不得不在整体上维持拉丁十字式形制，教堂东部接近伯拉孟特的集中式布局，西部以比较短的希腊十字代替了拉斐尔设计的巴西利卡，集中式体形占主导地位，1546 年小桑迦洛逝世。

　　1547 年教皇委托 72 岁的米开朗琪罗主持圣彼得大教堂工程，米开朗琪罗拆除巴西利卡，基本上恢复了伯拉孟特集中式平面，简化了四角的布局，正立面设计了 9 开间柱廊。为了大穹顶更加完美，借鉴佛罗伦萨主教堂穹顶结构技术，并进行创新，形成完整的穹顶曲面，穹顶直径 41.9 米，内部高度 123.4 米，大约是万神庙内部高度的 3 倍。穹顶外部采光塔上十字架尖端高达 137.8 米，成为罗马城的最高点，1564 年米开朗琪罗去世时工程几近完成，教堂穹顶比佛罗伦萨主教堂穹顶有了很大进步，成为罗马城的新象征。

　　17 世纪初，在反动的耶稣会的压力之下，教皇命令建筑师玛丹纳拆去已经动工的圣彼得大教堂正立面，在原希腊十字前又加了一段 3 跨的巴西利卡式的大厅，使得教堂内部空间和外部形体的完整性都受到严重的破坏，也标志着意大利文艺复兴建筑的结束。

　　17 世纪中叶，贝尔尼尼设计了圣彼得大教堂前面的广场，形成环形柱廊圈起的椭圆形广场，具有很强的包裹感和向心力。

【评价意大利文艺复兴建筑】

　　坦比哀多礼拜堂（图 16.23）是意大利文艺复兴时期纪念性建筑的典型代表，设计师是伯拉孟特。建筑为圆形平面，一圈柱廊支起饱满的穹顶，形体虚实相生，层次丰富。结合本讲所学的知识，查阅相关资料，分析坦比哀多礼拜堂造型特征及与我国祈年殿（图 16.24）的相似及不同之处。

图 16.23　坦比哀多礼拜堂（左）

图 16.24　祈年殿（右）

造型特征：

与祈年殿异同比较：

第 17 讲
法国古典主义建筑

　　了解法国古典主义建筑的发展概况；熟悉法国古典主义建筑的风格特征；掌握代表作品卢佛尔宫东立面、凡尔赛宫、恩瓦立德新教堂的建筑艺术成就。

【观看手绘阿赛—勒—李杜府邸】

　　请扫码观看《手绘阿赛—勒—李杜府邸》视频。阿赛—勒—李杜府邸位于法国罗亚尔河沿岸，府邸三面临水，建筑形体丰富，对称式布局，立面以水平分划为主，结合垂直突出的老虎窗、角楼，形成既统一又富有变化的整体形象，与周围景色融为一体，成为罗亚尔河谷最美的府邸之一。

扫码观看
《手绘阿赛－勒－
李杜府邸》视频

【走近法国古典主义建筑】

15世纪末法国产生了新兴的资产阶级，建立了中央集权的民族国家，王权加强，宫廷文化占据了主导地位，17世纪发展成为绝对君权时期的宫廷建筑潮流——古典主义建筑。

一、法国古典主义建筑发展

法国古典主义建筑发展大致经历了初期、盛期及晚期走向洛可可装饰的过程，这是法国继哥特式风格之后，建筑上又一崭新的发展阶段。

（一）初期古典主义建筑

15世纪下半叶起，法国产生资本主义的萌芽，一些获得自治的城市中世俗建筑占主导地位，建筑在四角和中央常设凸窗，屋顶陡峭，建筑形体活泼、布局自由。

16世纪初，随着王权进一步加强，城市自治权被取消，宫廷建筑代替世俗建筑占据了主导地位，法国罗亚尔河一带兴建了大量宫廷及贵族府邸和猎庄，建筑吸收意大利柱式建筑元素，与法国的传统建筑相融合，使用壁柱、小山花、线脚、涡卷等元素，水平划分加强，遵循柱式建筑规律与结构，形象雄伟庄严，符合了政治需要。罗亚尔河谷最大的府邸商堡（图17.1）是法国统一后第一座真正的宫廷建筑，采用完全对称的形式，通过意大利柱式装饰墙面，水平划分比较强，圆形塔楼、老虎窗、烟囱等体形多变，形成了丰富的建筑轮廓线。阿赛－勒－李杜府邸（图17.2）是曲尺形平面，三面临水，对称式布局，分层线脚和出挑檐口强调水平感，与老虎窗、圆形角楼的垂直感形成对比，造型活泼统一。

16至17世纪中期，以思想文化领域的理性主义为基础，建筑领域表现出来的注重理性、讲究节制、结构清晰、脉络严谨的精神，体现了王权所要求的秩序和规则，重要代表有枫丹白露宫（图17.3）的续建和卢佛尔宫（图17.4）等，构图严谨，几何性很强。

（二）盛期古典主义建筑

17 世纪下半叶，法国绝对君权在路易十四统治下达到最高峰，古典主义建筑进入极盛时期，规模巨大的宫廷建筑成为主要的代表。

伴随古典主义建筑风格的传播，1671 年巴黎设立建筑学院，推崇古罗马建筑风格，研究及发展古典柱式，制定了严格的规范。宫廷建筑讲究构图主从关系，突出轴线，强化等级制，建筑师常用中央大厅统率内部空间，用穹顶来统率外部形体。这一时期的代表作品有凡尔赛宫（图 17.5）和卢佛尔宫东立面（图 17.6），体现古典主义的各项原则，采用统一性的构图手法来体现王权的秩序，建筑雄伟壮观、端庄严谨，适应了政治要求。

（三）晚期洛可可风格

17 世纪末至 18 世纪初，法国对外战争失利，经济不景气，绝对君权面临危机，宫廷文化的古典主义逐渐衰退，大型纪念性建筑建设减少，府邸豪华的大厅被弃用，取而代之的是精致的沙

图 17.1　商堡（上左）

图 17.2　阿赛－勒－李杜府邸（上右）

图 17.3　枫丹白露宫（下左）

图 17.4　卢佛尔宫内院（下右）

图 17.5　凡尔赛宫（左）

图 17.6　卢佛尔宫东立面（右）

龙和安逸的起居室，以室内装饰奢华的洛可可风格，开始出现在路易十四的宫殿里。

　　洛可可风格受意大利巴洛克风格影响，两者也有明显区别。洛可可风格主要表现在府邸的室内装饰上，细腻纤巧，追求优雅别致、轻松的格调，石膏花饰，镜子、边框、线脚、涡卷、草叶、绘画和薄浮雕等成为重要要素。洛可可装饰的代表作——勃夫杭设计的巴黎苏俾士府邸的客厅（图 17.7），亲切温雅。

　　洛可可风格在城市广场、园林艺术方面也有反映。18 世纪上半叶和中叶，法国城市广场不再是封闭布局，局部或三面敞开，与外面自然环境呼应联系，活泼轻松。重要的代表是南锡中心广场群（图 17.9）、巴黎市中心调和广场（图 17.8）等，突破了封闭的布局。

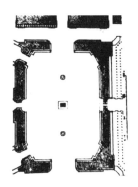

图 17.7　苏俾士府邸的客厅（左）

图 17.8　调和广场平面（右）

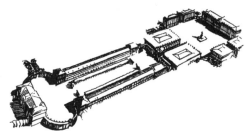

图 17.9　南锡广场群鸟瞰

二、法国古典主义建筑成就

法国的古典主义建筑理论及创作实践对欧洲各民族国家影响深远，代表作是规模巨大、造型雄伟的宫廷建筑和纪念性的广场建筑群，被欧洲其他国家所仿效，纷纷派遣本国建筑师去学习法国古典主义建筑，或聘请法国建筑师设计宫殿、大型公共建筑和园林。

法国古典主义建筑在布局、构图及室内外形象等方面取得了光辉成就，造就了许多经典之作。

古典建筑布局强调主从关系，多为轴线式对称布局，主次有序，完整而统一，卢佛尔宫（图 17.10）、凡尔赛宫建筑布局遵循这一法则，凸显王权的等级制度。

建筑立面强调构图严谨，大型公建有纵横三段式构图手法，主体突出，各部分之比例关系协调，同时继承古罗马巨柱式，形成了一套程式进行立面构图，底层为基座层，整体统一完整，使得大型纪念性建筑物更加壮丽雄伟。建筑师崇尚古罗马柱式规范，学习晚期意大利文艺复兴的建筑理论，经过不断地实践提升，对柱式的比例、细节把控严谨，用柱式控制整个构图，对柱式的深入探讨，促进了对建筑形式美的研究。

建筑外形追求端庄宏伟，与宫廷建筑的性质相符。室内则追求豪华，色彩斑斓，后期吸收了洛可可因素，变得轻盈细腻。

【文化传承】

法国古典主义建筑取得了相当显著的成就，但一味追求古罗马建筑艺术，忽视了本民族建筑传统及中世纪哥特式建筑的伟大成就。

在国际化大背景下，建筑既要吸收世界优秀文化，也要传承发展本民族优秀文化，实现传承与创新。

图 17.10　卢佛尔宫建筑立面（局部）

【 欣赏法国古典主义建筑 】

一、卢佛尔宫东立面

卢佛尔宫始建于 13 世纪初，原是法国的王宫，建筑群呈 U 形布局，到路易十四时代建成了正方形的庭院，庭院外面修建了富丽堂皇的画廊，成为欧洲最为壮丽的宫殿之一。

卢佛尔宫东立面（图 17.11）经 17 世纪改建，成为古典主义时期建筑的代表作品，立面全长 172 米，高约 28 米。水平方向按古典柱式构图分为三部分，底部为高约 9.9 米的基座层，中部是两层高的巨柱式柱廊，上部是檐部和女儿墙。垂直方向立面中央和两端形体凸出，形成 5 段式对称布局，中央三开间凸出设山花，用倚柱装饰，统率全局，两端凸出部分用壁柱装饰，不设山花，因而主轴线十分明确，立面造型简洁清晰、层次丰富、雄伟庄严。

图 17.11　卢佛尔宫东立面

卢佛尔宫东立面比例尺度关系处理完善，中央部分宽 28 米，是一个正方形，两端凸出体宽 24 米，是柱廊宽度的一半，双柱与双柱间的中线距是柱子高度的一半，基座层的高度约略是总高的 1/3，各部分主从关系明确，等级层次分明，成为法国古典主义建筑里程碑式的作品。

二、凡尔赛宫

凡尔赛宫是古典主义建筑的典范，位于法国巴黎西南郊，原来是路易十三的狩猎行宫，路易十四时期开始扩建，集当时法国最杰出的艺术和技术力量，形成的建筑群及园林是法国古典主义的杰作，成为绝对君权最重要的纪念碑。

1661 年，路易十四任命造园大师勒诺特和建筑师勒沃扩建凡尔赛宫，1689 年竣工。凡尔赛宫占地约 111 万平方米，园林面积占比巨大，凡尔赛宫殿建筑（图 17.12）为轴线式布局，三段式立面处理，水平向为主，轮廓整齐、庄严雄伟，散发着古典主义的理性之美。

凡尔赛宫大花园（图 17.13）与东方园林的自然写意风格不同，它强调轴线和对称，以轴线联系宫殿前几何形花坛和水池，园里布满雕像和喷泉，气势宏大，成为之后欧洲皇家园林模仿的对象。

凡尔赛宫有 500 余间大殿小厅，室内装饰以洛可可风格为主，极尽豪华。墙面、地面铺贴彩色大理石，墙壁装饰雕塑艺术品、巨幅油画及挂毯，顶部配置大吊灯。其中镜厅（图 17.14）最为突出，内部装饰由勒勃亨设计，长 75 米、宽 10 米、高 12 米，有 17 扇大玻璃窗对着室外的花园，将室外花园美景映射到室内，顶部有 24 个巨大的水晶吊灯，极为华丽，是当时举行盛大的化妆舞会的场所。

图 17.12　凡尔赛宫立面（局部）（左）

图 17.13　凡尔赛宫花园（右）

图 17.14 凡尔赛宫镜厅

三、恩瓦立德新教堂

17 世纪末，古典主义建筑大师于·阿·孟莎设计了恩瓦立德新教堂（图 17.15），作为路易十四慰问将士的场所，教堂是第一个古典主义风格的教堂建筑，是体现着君权荣耀的纪念碑。

孟莎采用了正方形的希腊十字式平面（图 17.16）和集中式体形，鼓座高高举起饱满的穹顶，高度达 105 米，成为一个垂直式构图中心。穹顶由三层壳体组成，外层为木屋架支搭，中间一层用砖砌，里面一层是石头砌筑，直径 27.7 米，是当时巴黎最大的穹顶，穹顶表面有 12 根肋，贴金饰面，十分华丽。穹顶上设置采光亭，方位扭转 90 度，光线透过窗洞，将穹顶内表面画像照亮。

教堂造型简洁、对称布局，显现出古典主义的庄严和谐。立面中央两层门廊的垂直构图使穹顶、鼓座同方形的主体联系起来。门廊中央开间用双柱，呼应鼓座倚柱，鼓座倚柱又呼应穹顶结构肋，直到采光亭顶端，形成统一的竖向动势。教堂内部明亮，装饰很少，多为石头构件，柱式组合表现出严谨的逻辑性，庄严而高雅，没有宗教的神秘感。

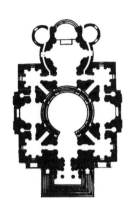

图 17.15 恩瓦立德新教堂立面（左）

图 17.16 恩瓦立德新教堂平面（右）

【评价法国古典主义建筑】

卢佛尔宫扩建工程（图 17.17）由美籍华裔建筑大师贝聿铭设计，整个卢佛尔宫改扩建工程堪称经典之作，已成为巴黎的城市地标。结合本讲所学的知识，查阅相关资料，分析卢佛尔宫扩建工程从功能、美学上有何成功之处。

【匠心技艺】

卢佛尔宫改造工程是美籍华裔建筑大师贝聿铭的作品，设计及建造过程显示了其坚韧的毅力和高超的设计智慧。建成后，法国总统密特朗授予贝聿铭法国荣誉军团勋章骑士勋位。

图 17.17 卢佛尔宫扩建工程

使用功能：

建筑美学：

第 18 讲
欧美复古思潮及新形式建筑探索

了解 18 世纪下半叶至 19 世纪下半叶欧美建筑发展的思潮；熟悉工业革命对"水晶宫"展览馆、埃菲尔铁塔等新形式建筑探索的促进作用；掌握巴黎凯旋门等复古思潮建筑的特征。

【观看手绘巴黎凯旋门】

请扫码观看《手绘巴黎凯旋门》视频。巴黎凯旋门位于巴黎市中心城区香榭丽舍大街，由法兰西第一帝国皇帝拿破仑主持修建，是帝国风格建筑的代表，凯旋门尺度巨大，外形简洁，凸显雄伟和威严之感，成为法国国家象征建筑之一。

扫码观看
《手绘巴黎凯旋门》
视频

【走近欧美复古思潮及新形式建筑探索 】

在欧洲工业革命影响下，社会生活方式的变化促使人们对建筑提出了新要求，18 世纪下半叶起，欧美建筑创作领域出现两种风格，一种是符合当时上层阶级思想的复古思潮，另一种是探索建筑的新功能、新技术与新形式的可能性。

一、欧美复古思潮

18 世纪 60 年代至 19 世纪末，欧美流行古典复兴、浪漫主义与折中主义。建筑师通过研究并模仿历史遗产中的建筑样式，满足新兴资产阶级的政治需要。

（一）古典复兴

受启蒙运动的思想影响，18 世纪 60 年代到 19 世纪，欧美兴起古典复兴思潮，通过测绘古典建筑遗址，仿效古希腊、古罗马建筑样式，建设了一大批为资产阶级政权及社会生活服务的国会、法院、银行、交易所、博物馆、剧院等公共建筑。

古典复兴建筑在各国的发展有所不同，法国以罗马复兴为主，英国、德国以希腊复兴较多，美国则兼顾罗马复兴及希腊复兴。

法国是古典复兴运动的中心，古典复兴的主要建筑代表有巴黎万神庙（图 18.1）、巴黎凯旋门、马德莱娜教堂（图 18.2）等。

巴黎万神庙原是献给巴黎守护神圣什内维埃芙的教堂，后来用作重要人物公墓，称万神庙。建筑形体简洁，希腊十字式平面，穹顶在中央，鼓座下为一圈科林斯柱，正面模仿古罗马围廊式庙宇构图，有 6 根 19 米高的科林斯柱式，不设基座层，上面是山花及雕饰。巴黎万神庙中央穹顶为 3 层构造，中央有圆洞，传承了罗马万神庙的空间精神。建于拿破仑帝国时代的星形广场凯旋门、马德莱娜教堂外观雄伟壮丽，内部吸取东方的各种装饰或洛可可的手法，形成"帝国式"风格。

希腊复兴建筑吸收雅典卫城上建筑造型及细节特征。英国以希腊复兴为主，典型实例有爱丁堡中学、不列颠博物馆

（图 18.3）等。不列颠博物馆为围合式布局，正面中央采用古希腊神庙的形式，两端向前突出，正面柱廊由 44 根爱奥尼柱式构成，端庄典雅。德国的希腊复兴建筑有柏林勃兰登堡门（图 18.4）、柏林宫廷剧院和柏林老博物馆等。

美国在独立以前，建筑造型皆采用欧洲式样，称为"殖民时期风格"。独立战争时期，选用古希腊和古罗马的古典建筑去表现民主、自由、光荣和独立。罗马复兴的建筑如美国国会大厦（图 18.5），仿照了巴黎万神庙的造型，气势雄浑有力，极力表现雄伟的纪念性。美国的希腊复兴建筑如华盛顿林肯纪念堂（图 18.6），仿希腊神庙，平面长方形，由 36 根白色大理石柱形成廊柱。

（二）浪漫主义

浪漫主义建筑是 18 世纪下半叶到 19 世纪上半叶，在欧洲文学艺术领域中浪漫主义思潮影响下的建筑风格，追求个性自然和异国情调，主要在教堂、学校、车站、住宅等建筑类型中使用，

图 18.1 巴黎万神庙（上左）

图 18.2 马德莱娜教堂（上右）

图 18.3 不列颠博物馆（下左）

图 18.4 柏林勃兰登堡门（下右）

图 18.5　美国国会大厦

图 18.6　华盛顿林肯纪念堂

在英国、德国较为流行。

　　18 世纪 60 年代到 19 世纪 30 年代为其发展的第一阶段，称为先浪漫主义时期。建筑上多模仿中世纪城堡式的府邸、东方建筑小品，追求非凡的趣味和异国情调，如德国波茨坦无忧宫的中国式茶室（图 18.7），模仿印度伊斯兰教礼拜寺的英国布莱顿皇家别墅（图 18.8）。

图 18.7　无忧宫的中国式茶室（左）

图 18.8　布莱顿的皇家别墅（右）

图 18.9 英国国会大厦

19 世纪 30 年代到 70 年代是浪漫主义的第二个阶段，是英国浪漫主义建筑的极盛期，追求中世纪的哥特式建筑风格，又称为"哥特复兴"。最著名的代表作品是英国国会大厦（图 18.9），建筑是垂直哥特式风格，是大型公共建筑中第一个哥特复兴杰作。此外，英国伦敦的圣吉尔斯教堂、曼彻斯特市政厅等也是哥特复兴式建筑代表性作品。

（三）折中主义

折中主义也称"集仿主义"，是 19 世纪中叶以后，欧美流行的一种建筑创作思潮，选择古希腊、古罗马、拜占庭、中世纪、文艺复兴等时期以及东方建筑风格进行组合，讲究比例均衡，造型独特和富于装饰，讲究形式美的追求。

19 世纪中叶折中主义以法国最为典型。巴黎歌剧院（图 18.10）立面是古典主义样式与巴洛克装饰风格的结合，首层为拱券结构，二层的窗间墙立着双柱，实墙及女儿墙部分是烦琐的洛可可雕饰，表现欲强烈。巴黎圣心教堂（图 18.11）属于拜占庭与罗马风建筑风格的混合，大圆顶及四周小圆顶，具有中东情调。罗

图 18.10 巴黎歌剧院（左）

图 18.11 巴黎圣心教堂（右）

图 18.12　伊曼纽尔二世纪念碑

马的伊曼纽尔二世纪念碑（图 18.12）模仿希腊古典晚期的宙斯神坛的造型，采用了罗马的科林斯柱廊。

二、欧美新形式建筑探索

伴随工业化发展，新材料、新技术、新设备及施工方法的不断出现，为探索新建筑形式提供了可能性，建筑类型、形象突破了砖石木传统建筑的局限，建筑平面、空间更加自由，出现了新的建筑形象。

大量金属材料开始应用在工程项目中，加快了工程施工进度，英国塞文河上建造了第一座生铁桥（图 18.13），跨度达 30 米。同时为了室内采光需求，铁和玻璃两种建筑材料配合使用，在 19 世纪的建筑中取得了成功，巴黎老王宫的奥尔良廊、伦敦"水晶宫"展览馆等的建设，标志着新的建筑形象进入公共建筑中。

在新材料下也产生了新的结构形式，生铁框架代替承重墙，为建设多层与高层建筑提供了条件，如美国芝加哥家庭保险公司大厦（图 18.14）共有十层，是依照现代钢框架结构原理建造起来的。垂直升降机的发明，也为建筑向高空发展提供了技术支撑。

19 世纪下半叶，建筑师积极探索社会生活快速发展形势下，与火车站、图书馆、百货公司、市场、博览会等新建筑类型相适应的结构及形象，其中大型博览会中金属结构的使用，突破了传统审美观，产生了轻盈飘逸的建筑形象，如 1851 年世界博览会

【创新创造】

　　园艺师帕克斯顿以玻璃和钢铁建造的水晶宫成为第一届世博会上最成功的展品，显示了新材料的强大力量。现代建筑虽然跨度超越了水晶宫，但玻璃与钢结构创造建筑的方式还在继续。

图 18.13　英国第一座生铁
桥（左）

图 18.14　芝加哥家庭保险
公司大厦（右）

图 18.15　伦敦"水晶宫"
（左）

图 18.16　巴黎埃菲尔铁塔
（右）

的"水晶宫"展览馆（图 18.15）及 1889 年世界博览会中的埃菲尔铁塔（图 18.16）与机械馆，对之后新建筑的发展具有重要的启发作用。

【欣赏欧美复古思潮及新形式建筑探索】

巴黎凯旋门

巴黎凯旋门（图 18.17）建于 1806 年，是拿破仑为纪念他在奥斯特利茨战役中大败奥俄联军的功绩而修建，于 1836 年竣工，是帝国风格的代表建筑。

巴黎凯旋门坐落于星形广场中央，有 12 条大道都以凯旋门为中心，向四周辐射出去，气势磅礴。凯旋门高约 50 米，宽约 45 米，厚约 22 米，中心拱门高约 36.6 米，宽约 14.6 米。四面设门，尺度巨大，比之前的凯旋门更加雄伟壮观，成为世界上最大的凯旋门。

图 18.17　巴黎凯旋门

　　凯旋门遵循古典建筑设计原则，造型上借鉴了古罗马的提图斯凯旋门，外形单纯、风格简洁，体现着冷峻和威严。建筑立面不用柱子、扶壁柱，将古罗马时期常见的三门洞凯旋门简化为一个，显得更加简洁庄严。凯旋门两面门墩墙面，有 4 组以战争为题材的大型浮雕，雕像各具特色，其中"出征"（又称"马赛曲"）最为出名，同门楣上花饰浮雕构成一个有机的整体。凯旋门内壁刻有跟随拿破仑远征的数百名将军名字及胜仗名称。

【评价欧美复古思潮及新形式建筑探索】

　　1851 年英国皇家园艺师约瑟夫·帕克斯顿为世界博览会设计了"水晶宫"展览馆（图 18.18），形象新颖敞亮，让人耳目一新。结合本讲所学的知识，查阅相关资料，分析水晶宫在建筑结构和建筑材料上的创新之处及对现代装配式建筑的影响。

图 18.18　伦敦水晶宫室内想象图

建筑结构和建筑材料上的创新之处：

对现代装配式建筑的影响：

第 19 讲
欧美新建筑运动

了解 19 世纪下半叶到第一次世界大战后欧美各国探索新建筑活动的概况；理解欧美新建筑运动中主要建筑流派的思想理论；掌握欧美新建筑运动中主要流派的代表人物与代表作品特征。

【观看手绘德国法古斯工厂】

请扫码观看《手绘德国法古斯工厂》视频。德国法古斯工厂由建筑大师格罗皮乌斯与阿道夫·迈耶设计，大面积使用玻璃构造幕墙和转角窗，脱离了古典建筑的形象，造型简洁新颖，对现代主义建筑的发展和包豪斯设计学院的作品风格产生了深远的影响。

扫码观看
《手绘德国法古斯工厂》
视频

【走近并欣赏欧美新建筑运动】

> 19世纪下半叶开始，随着钢铁、玻璃、混凝土等新材料的大量应用，建筑中新功能、新技术与折中主义复古形式的矛盾日益突出，建筑界掀起了一场积极探求新建筑的运动，不同地区形成了形式多样的探索活动。

一、19世纪下半叶至20世纪初的探索

（一）工艺美术运动

19世纪50年代英国出现工艺美术运动，建筑及日用品设计上体现着英国小资产阶级浪漫主义思想。

英国是最早发展工业的国家，工业促进了生产力的发展，同时也造成了城市交通混乱、居住环境恶劣等系列问题，一些小资产阶级知识分子对工业化进行反思，批判工业机器带来的城市问题，鼓吹逃离工业城市，怀念中世纪工艺时代的乡村生活与向往自然的浪漫主义情调，为工艺美术运动的产生奠定了基础。

拉斯金、莫里斯是工艺美术运动的主要倡导者及实践者，在建筑、室内、家具等领域，赞扬手工艺生产效果，反对机器制造的产品；倡导自然主义的美，吸收东方装饰艺术，摆脱古典建筑形式；主张设计实用主义，反对风格上华而不实、矫揉的装饰；同时，强调艺术要与技术相结合、与生活结合，艺术家与工匠结合。20世纪初工艺美术运动被欧洲兴起的新艺术运动取代，但其追求的精致设计理念，影响了欧美国家后续兴起的设计思潮。

工艺美术运动时期的代表性建筑是莫里斯的自宅——红屋（图19.1），由莫里斯和好友韦伯共同设计，位于英国伦敦郊区，由本地产的红砖建造，建筑表现出浓重的英国田园风情，平面根据功能需要布置成L形，房间采光良好，外立面砖墙不加任何粉饰，表现红砖本身的质感，营造出一种自然和谐的宜人环境，室内（图19.2）色彩明快、家具精致，工艺感很强。

图 19.1 莫里斯的红屋（左）

图 19.2 莫里斯的红屋室内
（右）

（二）新艺术运动

19 世纪 80 年代兴盛于比利时布鲁塞尔的新艺术运动，是作为承上启下的设计运动，在欧美及其他地区迅速传播，形成了不同风格流派，如德国的"青年风格"、奥地利的"维也纳学派""分离派"、意大利的"自由风格"以及英国的麦金托什、西班牙的高迪为代表的多样风格，虽然形式各异，但都是对传统风格、工业化产品的否定，运用现代技术与建筑材料，走向自然主义风格的设计。

比利时的新艺术运动具有相当的民主色彩，提倡设计为广大民众服务，代表建筑师有费尔德、霍塔等，他们反对使用历史样式，寻求适应时代的新样式，在绘画及装饰艺术上反对对称，排斥直线，喜用自然形态的曲线、曲面，用于建筑墙面、栏杆构件、家具等方面。费尔德设计了德国魏玛艺术学校，后任该校校长。霍塔设计的布鲁塞尔都灵路 12 号住宅（图 19.3）是新艺术风格的经典之作，建筑室内墙面、顶面、地面及楼梯栏杆、灯具等均以植物藤蔓图案为元素，形成富于自然动感的造型风格。之后，霍塔又为布鲁塞尔设计了人民之家等经典建筑，为肯定霍塔为城市作出的卓越贡献，比利时政府将其形象印在了钞票上面（图 19.4）。

德国的新艺术运动被称为青年风格派，早期主张自然主义的曲线和有机形态，后期追求几何形体组合。代表人物有被称为德国现代设计之父的彼得·贝伦斯及恩德尔、奥尔布里希等。青年风格派代表性作品是奥尔布里希设计的路德维希展览馆（图 19.5），外观造型简洁，入口设置拱形大门，两旁有一对雕像。

图 19.3　都灵路 12 号住宅室内（左）

图 19.4　钞票上的霍塔形象（右）

　　英国新艺术运动代表人物麦金托什，他吸收了东方简洁的造型及新艺术运动的装饰风格，其代表作品格拉斯哥艺术学校图书馆（图 19.6）反映了这一特点，他的建筑风格影响了欧洲一些建筑学派，如奥地利维也纳学派与分离派。

　　西班牙新艺术运动代表人物建筑师高迪，作为塑性建筑流派的代表人物，他的设计吸收东方伊斯兰的韵味和欧洲哥特式建筑结构的特点，充满浪漫主义。其代表性作品是西班牙圣家族教堂（图 19.7），形体旋转上升，富有动态；另一作品米拉公寓（图 19.8）外部呈波浪形，门窗像洞穴口，阳台护栏类似植物藤蔓，内部空间、家具都是弧形界面，将曲线风格发挥到了极致。

　　奥地利的新艺术运动被称为维也纳学派，代表建筑师是瓦格纳，他推崇新结构、新材料下新形式的探索，反对历史式样。他的设计作品简洁，强化水平线条和平屋顶造型，著有《论现代

图 19.5　路德维希展览馆（左）

图 19.6　格拉斯哥艺术学校图书馆（右）

图 19.7　圣家族大教堂

建筑》。瓦格纳的代表作品是维也纳邮政储蓄银行（图 19.9），建筑立面对称严整，内部墙面不加装饰，大厅采用玻璃顶棚，暴露钢柱及铆钉，形成了明亮的室内空间。

在瓦格纳建筑思想及作品影响下，维也纳学派中的一部分人员成立了分离派，代表人物是奥尔布里希和霍夫曼，宣称要与过去的传统决裂，形成了以直线、简单几何形体为主，局部集中装饰为特征的艺术风格，奥尔布里希设计的维也纳分离派展览馆（图 19.10）是其风格的具体体现，建筑对称布局，形体简洁，顶部设置金色镂空球体，入口上部做装饰，建筑沉稳中透露着一些活泼的元素。

图 19.8　米拉公寓（左）

图 19.9　维也纳邮政储蓄银行（右）

图 19.10　维也纳分离派展览馆（左）

图 19.11　斯坦纳住宅（右）

维也纳建筑师阿道夫·路斯主张建筑应以实用为主，竭力反对装饰，提出著名的"装饰就是罪恶"的口号，1910 年其在维也纳建造的斯坦纳住宅（图 19.11），建筑外部取消装饰。

（三）德意志制造联盟

19 世纪末，德国的工业水平跃居欧洲第一位，为进一步争夺国际市场，1907 年德国企业家、艺术家和技术人员等组成了德意志制造联盟，旨在通过艺术、工业和手工艺的结合，打造国际水平的设计产品。

德意志制造联盟在建筑领域的代表人物是现代设计先驱彼得·贝伦斯，他认为建筑应当符合真实功能要求，通过现代结构产生新建筑形式，该理论为现代主义设计的兴起和发展奠定了基础。贝伦斯为德国通用电气公司设计的透平机车间（图 19.12）被西方称之为第一座真正的"现代建筑"，车间屋顶由三铰拱钢结构组成，外墙柱间是大面积玻璃窗，开敞的内部空间和充足的光照环境，满足了生产车间实际功能要求，但车间转角处具有古典风格的砖石墙体也说明建筑师在处理新结构与传统审美方面的矛盾。这座厂房对新建筑形式的探索起到了重要的示范作用，成为现代建筑史的一个里程碑。

1911 年建筑师格罗皮乌斯与阿道夫·迈耶合作设计了德国法古斯工厂（图 19.13），受贝伦斯建筑思想影响，建筑造型简洁、大面积使用玻璃构造幕墙，形成轻快、透明的形象。

（四）美国芝加哥学派

19 世纪 70 年代，随着芝加哥经济发展，人口快速膨胀。而1871 年市中心的火灾毁掉了全市约 1/3 的建筑，城市重建问题

【匠心传承】

彼得·贝伦斯的贡献不仅在于对新建筑的积极探索，还培养了一批人才，著名现代建筑大师格罗皮乌斯、勒·柯布西耶、密斯·凡·德·罗都先后在贝伦斯的建筑事务所里工作过，他们在那里接受了许多新的建筑观点，学到了许多有益的知识，为以后的发展打下了坚实的基础。

突出，为了在有限的市中心区域建造更多的建筑面积，高层建筑开始在芝加哥出现，逐渐产生了以探索高层建筑建设的芝加哥学派。

　　芝加哥学派建筑师们积极探索新材料、新结构技术及设备在高层建筑上的应用，主张以建筑立面简洁来反映工业化的精神。最突出的贡献是在工程技术上创造了高层金属框架结构和箱形基础，肯定了建筑功能和形式密切相关。建筑立面大为简化，出现了横向的"芝加哥窗"，优化了室内的采光和通风环境，使得高层商业建筑展现出全新的面貌。

　　芝加哥学派的创始人是工程师詹尼，1885 年完成了芝加哥家庭保险公司办公楼，建筑立面抛弃传统装饰，造型手法简洁明确，作为第一座钢框架结构的高层建筑，取代了传统砖石结构，也标志着芝加哥学派逐渐走向兴盛时期。1890 至 1894 年，建筑师伯纳姆与鲁特完成了 16 层的瑞莱斯大厦（图 19.14），被公认为芝加哥学派的杰作，建筑通透亮丽，为城市带来了新的形象。

　　芝加哥学派中著名的建筑师沙利文是学派的理论家及建筑实践者，他提出了著名的"形式随从功能"口号，说明了建筑形式和功能的关系，对现代主义建筑影响深远。沙利文的代表作品为 1899—1904 年建造的芝加哥 C.P.S 百货公司大楼（图 19.15），大楼高 12 层，下面两层为基座层，二层以上楼层立面形式充分利用钢铁框架结构的优点，排列着芝加哥窗。

图 19.12　德国通用电气公司透平机车间（左）

图 19.13　德国法古斯工厂（右）

图 19.14　瑞莱斯大厦（左）

图 19.15　芝加哥 C.P.S. 百货公司大楼（右）

二、战后初期的探索

第一次世界大战后欧洲经济衰退，新建筑开始向经济实用方向发展，建筑师通过使用现代材料、结构和施工技术，创造新建筑。涌现了一批新观点、新思潮，在建筑领域出现了表现主义派、未来主义派、风格派和构成主义派等探索新建筑运动的流派，对现代建筑及其后的影响深远。

（一）表现主义

20 世纪初，德国、奥地利首先产生了表现主义的绘画、音乐等表现形式，强化主观感受。表现主义绘画注重感情表达，通过强化某些色彩、扭曲形象等来引起观者情绪震动。表现主义建筑造型奇特、夸张，用来表达某种思想情绪或象征某种时代精神。如德国建筑师门德尔松 1920 年完成的德国波茨坦市爱因斯坦天文台（图 19.16），采用混凝土和砖建造了一座流线型建筑，立面开不规则窗洞，造型奇特，充满神秘色彩，与当时高深的研究相对论理论相呼应，非常具有感染力。

（二）未来主义

20 世纪初，意大利出现了未来主义的文学艺术流派，后流行

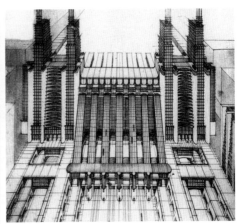

于英、法、德等国，未来主义创始人作家马里内蒂在《未来主义宣言》中，强调科技和工业交通改变了物质生活和精神生活，对资本主义的物质文明大加赞赏，对未来充满希望。意大利未来主义者圣特利亚在他举办的未来主义展览会中展出了许多未来城市和建筑的设想图（图 19.17），图样上显示尺度巨大的高层建筑，气势非凡，电梯在建筑外部，汽车、火车等快速交通工具在不同高度行驶。1914 年圣特利亚发表《未来主义建筑宣言》，主张用钢铁、玻璃等新材料来代替传统砖石材料，建立立体交叉的道路网的"未来城市"计划。意大利未来主义者在当时虽没有建成作品，但其思想对欧洲现代建筑师的作品产生了影响，如巴黎蓬比杜艺术与文化中心。

图 19.16　爱因斯坦天文台（左）

图 19.17　未来城市和建筑的设想图（右）

（三）风格派与构成主义

1917 年，荷兰一批青年画家、设计师、建筑师组成了一个名为风格派的艺术流派，设计中常采用原色和黑、白、灰以及直线、矩形等基本几何元素，构成纵横向构图，形成韵律节奏，表达抽象与永恒主题，又被称为新造型主义派或要素主义派。主要成员有画家蒙德里安、建筑师里特维尔德等。1917 年里特维尔德设计了著名的"红蓝椅"，造型简洁，色彩鲜亮，具有独特的美学价值。他设计的荷兰乌得勒支住宅（图 19.18）是风格派代表建筑，建筑由简单的立方体，不同方向的板片错落穿插，组成均衡新颖的建筑形象。

　　与风格派设计理念及风格比较一致的是 20 世纪初俄国形成的构成主义派，发起人为先锋艺术家及建筑师塔特林，他常将抽象几何形体组成的空间当作绘画和雕刻的内容，构图夸张，具有工程结构物的形象。1919 年，塔特林为共产国际设计了"第三国际纪念碑"（图 19.19），这个螺旋结构成为构成主义风格的标志。

　　风格派、构成主义派对现代主义建筑具有重要的启发意义，甚至影响到 20 世纪 80 年代后期的解构主义派。

图 19.18　乌德勒支住宅
（左）

图 19.19　第三国际纪念碑
模型（右）

【评价欧美新建筑】

　　米拉之家（图 19.20）位于西班牙的巴塞罗那市区，是建筑师安东尼奥·高迪设计的私人住宅项目，是巴塞罗那市的地标之一，结合本讲所学的知识，查阅相关资料，分析米拉公寓建筑特色及建筑师高迪的建筑思想。

图 19.20　米拉之家

米拉公寓建筑特色:

建筑师高迪的建筑思想:

第 20 讲
现代主义建筑及之后的建筑思潮

　　了解现代主义建筑的形成过程；熟悉及掌握柯布西耶、格罗皮乌斯、赖特、密斯四位现代建筑大师的建筑思想及作品；熟悉及掌握战后 20 世纪 40-70 年代现代建筑的新发展；掌握现代主义之后建筑思潮的主要特点、代表人物与代表作品。

【观看手绘华盛顿美术馆东馆】

　　请扫码观看《手绘华盛顿国家美术馆东馆》视频。华盛顿国家美术馆东馆由美籍华裔建筑大师贝聿铭设计，是 20 世纪 70 年代美国最成功的现代建筑之一，从视频中感受贝聿铭大师营造建筑的几何简洁之美。

扫码观看
《手绘华盛顿国家
美术馆东馆》视频

【走近并欣赏现代主义建筑及之后的建筑思潮】

20世纪20年代，欧美一批思想先进、实践经验丰富的建筑师面对战后社会现状，开展了比较彻底的现代建筑运动，推动了建筑发展，形成了现代建筑派。

一、现代主义建筑的发展

（一）现代主义建筑的诞生

在现代主义建筑的诞生中，四位建筑大师起到了重要的引导作用，1919年格罗皮乌斯任魏玛艺术与工艺学校校长，聘请一批年轻艺术家当教师，与工业化生产工艺相结合，推行全新的教学制度和教学方法，培养了大批优秀设计师。勒·柯布西耶（图20.1）在巴黎创办《新精神》杂志，写文鼓吹创造新建筑。1923年柯布西耶的《走向新建筑》出版，提出了"新建筑五点"，以其理论为基础设计了著名的萨伏伊别墅。密斯·凡·德·罗对玻璃和钢进行了深入研究，摆脱旧建筑形象，设计了像巴塞罗那展览会德国馆这样轻巧活泼、富有诗意的全新建筑形象。赖特倡导利用新材料、新技术应用，强调建筑与自然环境有机结合，形成有机建筑理论，其代表性建筑是1936年为考夫曼设计的流水别墅。

现代派建筑师在建筑理论和实践中有着共性的地方，一是将使用功能作为建筑设计的出发点，从实用出发，进行建筑创作；二是关注新材料、新技术的应用，发挥新结构的特点，摆脱传统建筑形象，创造新的建筑形象；三是强化建筑空间主角地位，从平面、立面构图转到空间和体量的总体构图方面，同时加入时间因素，产生了"空间—时间"的建筑构图理论。

1928年，国际现代建筑协会（CIAM）在瑞士成立，发起人包括格罗皮乌斯、勒·柯布西耶等，最初由8个国家的24位建筑师组成（图20.2）。1933年CIAM在雅典举办的第4次会议，通过了城市规划大纲《雅典宪章》，标志着现代主义建筑在国际建筑界的统治地位，现代派建筑后被称为国际式建筑。

图 20.1 勒·柯布西耶（左）

图 20.2 1928 年 CIAM 成立大会的参会者（右）

（二）现代建筑大师思想及作品

1. 勒·柯布西耶

勒·柯布西耶是现代主义建筑的主要倡导者，被称为"现代建筑的旗手"。其早年先后在建筑师佩雷、贝伦斯处工作，对他后来的建筑方向产生了重要的影响。其建筑思想方面前期表现出更多的理性主义，后期表现出更多的浪漫主义。

1923 年，勒·柯布西耶出版的《走向新建筑》，激烈否定 19 世纪以来复古主义、折中主义的建筑观点与建筑风格，主张创造表现新时代的新建筑。一是肯定现代工业的成就，提出"住房是居住的机器"，向工程师的理性学习；二是强调由内到外的设计，外部形象是内部功能的结果；三是赞美简单的几何形体组合，强调建筑的艺术性，创造新时代的新建筑。1926 年勒·柯布西耶提出了"新建筑五个特点"（底层的独立支柱、屋顶花园、自由的平面、横向长窗、自由的立面），代表作品是 1928 年设计的萨伏伊别墅（图 20.3）、巴黎瑞士学生宿舍。1950 年勒·柯布西耶设计的朗香教堂（图 20.4）推翻了他早期主张的理性主义原则，带有表现主义倾向，成为惊世之作。

城市规划方面，勒·柯布西耶是城市集中主义者，提出城市中有适合现代交通工具的整齐的道路网，中心区有巨大的摩天楼，外围是高层的楼房，楼房之间有大片的绿地，采用立体交通，该理论对巴黎若干地区的城市建设有一定影响。

2. 格罗皮乌斯

格罗皮乌斯是现代主义建筑学派的倡导人和奠基人之一，他

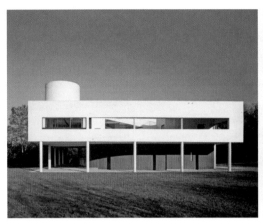 

积极提倡建筑设计与工艺的统一，艺术与技术的结合，是最早主张走建筑工业化道路的人之一。

图 20.3　萨伏伊别墅（左）

图 20.4　朗香教堂（右）

1907 年到 1910 年格罗皮乌斯在贝伦斯建筑事务所工作，1911 年其与 A. 迈尔合作设计的法古斯工厂，不设挑檐的平屋顶、简洁的墙面、转角取消柱子的处理手法，改变了砖石承重墙建筑的沉重形象。

1919 年格罗皮乌斯创办了包豪斯学校，为建筑教育做出了突出贡献。包豪斯学校设有纺织、陶瓷、金工、玻璃、雕塑、印刷等学科，教学中强调自由创造，反对模仿因袭；将手工艺与机器生产结合起来；强调各门艺术之间的交流融合；注重培养学生实操能力和理论素养；将学校教育同社会生产联系起来，包豪斯学校的这一系列教学方法对后来的设计艺术领域产生了深远影响。

1925 年，格罗皮乌斯设计了包豪斯新校舍（图 20.5），包括教室、车间、办公、宿舍等部分，各部分的功能需要和相互关系形成灵活的体形关系。1938 年格罗皮乌斯任美国哈佛大学建筑学系主任，在美国主要从事建筑教育活动，促进了美国现代建筑的发展。实践方面，他设计了多座住宅及学校建筑，比较有代表性的是其自宅（图 20.6）及哈佛大学研究生中心，造型简洁优雅。

3. 密斯·凡·德·罗

密斯没有受过正规的建筑教育，但在建筑实践中积累了丰富的知识和技能，曾任包豪斯校长、德意志制造联盟的副主席，提

【人文精神】

设计的目的是人而不是产品，这是"包豪斯"的一个基本设计观点，也是格罗皮乌斯所倡导的以人为本的设计理念。设计要以人为中心，功能决定外形，包豪斯校舍的方案就是这一观点的集中体现。

出了"少就是多"的建筑设计思想及流动空间的处理手法，是杰
出的现代建筑大师。

　　密斯重视材料、建筑结构及建造方法上的创新，倡导使用玻
璃、钢材来建造符合时代的新建筑，他早期的玻璃摩天楼设想图
在第二次世界大战后成为现实。

　　1928 年密斯曾提出了著名的"少就是多"的建筑设计思想，
在 1929 年密斯设计的巴塞罗那世界博览会德国馆（图 20.7）中
得到了充分的体现，德国馆由一个主厅、附属用房、两片水池和
几组围墙组成，简洁雅致，展览馆本身成了展品。展馆通过隔断
墙分隔，室内各部分之间，室内和室外之间相互穿插贯通，形成
了灵活的流动空间，细部处理上也获得了成功。

　　1930 年密斯在图根哈特住宅（图 20.8）设计中成功应用了
流动空间的设计思想，住宅底层起居部分开敞，书房、客厅、餐
室、门厅空间通过直墙、弧形墙分隔，又相互联系，内部空间向
室外延伸，两者相互渗透。

图 20.5　包豪斯校舍（左）

图 20.6　格罗皮乌斯自宅
（右）

图 20.7　巴塞罗那展览会
德国馆

图 20.8　图根哈特住宅

4. 弗兰克·劳埃德·赖特

赖特是美国最伟大的建筑师之一，师从芝加哥学派建筑师沙利文，赖特在美国中西部设计了大量别墅和小住宅，把自己的建筑称为有机的建筑。

赖特认为建筑应该是自然的，要成为自然的一部分，突破封闭性的住宅处理手法，代表性建筑是流水别墅（图 20.9）。流水别墅位于美国宾夕法尼亚州郊区的熊溪河畔，采用钢筋混凝土结构，建在瀑布上方，共三层，每层平台向外悬挑，将室内空间向外延伸，形成高低错落的平台，几片竖向粗犷的片石墙与横向白色光洁的平台相互穿插，形成强烈对比，内外空间与周围自然风景紧密结合，互相交融，浑然一体。

除住宅建筑之外，赖特也设计了多座体现其设计思想的经典公建。1915 年，赖特被邀请为日本设计东京的帝国饭店，经受住了 1923 年东京的大地震的考验。赖特认为建筑设计应该风格多种多样，纽约古根海姆博物馆（图 20.10）是赖特晚年的建筑作品，展厅空间内部是一个高约 30 米的圆筒形空间，由盘旋而上的螺旋形坡道组成，向上逐渐加大，光线通过最上面的玻璃圆顶照入室内，形成富有诗意的艺术空间。

（三）现代建筑的发展

第二次世界大战后，随着社会经济的迅速恢复与增长，人们对建筑内容与质量的要求也越来越高，对之前以功能主义为主的现代方盒子建筑进行反思，认为建筑应该把满足人们的物质要求

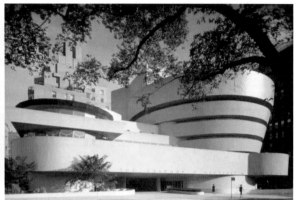

与感情需要结合起来，出现了不同的建筑设计倾向。

1. 对理性主义充实及提高的倾向

建筑中对理性主义进行充实与提高的倾向力图把和建筑有关的形式、技术、社会和经济问题进行综合考虑，创造有细节的建筑，满足使用者的物质与精神要求。代表建筑如 TAC（协和建筑师事务所）设计的哈佛大学研究生中心（图 20.11），建筑充分考虑使用需求，建筑造型简洁、优雅，形成了丰富的室内外空间环境。1957 年，格罗皮乌斯与 TAC 为德国 Interbau 国际住宅展览会设计的是一幢高层弧形公寓楼（图 20.12），首层是公共活动与服务设施，其他层为公寓，各层阳台错落，山墙端部局部形体悬挑，造型活泼，突破了之前形态单一的公寓建筑。

2. 粗野主义倾向

"粗野主义"是 20 世纪 50 至 60 年代流行于欧洲、日本等地的建筑设计倾向，以真实地表现结构与材料为主要特征。一

图 20.9　流水别墅（左）

图 20.10　纽约古根海姆博物馆（右）

图 20.11　哈佛大学研究生中心（左）

图 20.12　国际住宅展览会弧形公寓楼（右）

种是以勒·柯布西耶的比较粗犷的混凝土建筑风格为代表，代
表建筑有柯布西耶设计的马赛公寓、昌迪加尔行政中心建筑群
（图 20.13），保罗·鲁道夫设计的耶鲁大学建筑和艺术系大楼
以及丹下健三的仓敷市厅舍等建筑，通过沉重的混凝土构件组
合，表现粗糙的质感，颇具震撼力。另一种是英国史密森夫妇
所倡导的风格，当时英国处于战后的恢复期，急需建设大量的
居住用房、中小学校等公共建筑，史密森夫妇提出考虑经济
性，以材料、结构的真实表现为准则，代表作品是亨斯坦顿学校
（图 20.14），采用钢结构预制构件进行建造，暴露落水管，真实
地表现钢、玻璃和砖等建筑材料。

图 20.13　昌迪加尔行政中心建筑（左）

图 20.14　亨斯坦顿学校（右）

3. 技术精美倾向

追求技术精美是 20 世纪 40 年代末至 60 年代占主导地位的
设计倾向，开始流行于美国，以密斯·凡·德·罗的玻璃和钢建
造的建筑为代表，构造施工精确，外形纯净透明，清晰地反映着
建筑的材料、结构与内部空间，成为一些大公司追求的新形象，
到 70 年代由于资本主义世界经济危机开始降温。代表作品有密
斯设计的范斯沃斯住宅（图 20.15）、湖滨公寓（图 20.16）、西格
拉姆大厦、伊利诺工学院克朗楼等。

4. 典雅主义倾向

"典雅主义"是同"粗野主义"在审美取向上完全相反的一
种倾向，主要流行在美国，通过吸取古典建筑构图手法，多运用
传统的美学法则来使现代建筑产生端庄与典雅的庄严感，又被称

为新古典主义、新帕拉第奥主义或新复古主义，成为第二次世界大战后美国官方建筑的主要风格。代表表人物有约翰逊、斯通和雅马萨奇等现代派的第二代建筑师，约翰逊设计的谢尔登艺术纪念馆（图 20.17）、斯通设计的美国新德里大使馆（图 20.18）是这一倾向的代表作品。

图 20.15　范斯沃斯住宅（上左）

图 20.16　芝加哥湖滨公寓（上右）

图 20.17　谢尔登艺术纪念馆（下左）

图 20.18　美国新德里大使馆（下右）

5. 高度工业技术倾向

高度工业技术倾向是指 20 世纪 50 年代末随着新材料、新结构与新施工方法的进一步发展，而出现的超高层建筑、空间结构、幕墙和预制装配标准化构件方面的倾向。种类较多，但无一不是在建筑中坚持采用新技术。超高层建筑多采用玻璃幕墙，如美国波士顿汉考克大厦（图 20.19）、纽约所罗门大厦等；日本在建筑师丹下健三的影响下，黑川纪章、桢文彦、菊竹清训等组成为新陈代谢派，他们强调事物的生长、变化与衰亡，极力主张采用最新的技术来解决建筑问题，丹下健三设计了山梨县文化会馆，体现了新陈代谢派的观点。高度工业技术倾向最具代表性的建筑是 1976 年建筑师皮亚诺和罗杰斯设计并建成的巴黎蓬皮

杜国家艺术与文化中心（图 20.20），将建筑设备管线、楼梯暴露在外，为内部空间提供了多种可能性。

图 20.19　美国波士顿汉考克大厦（左）

图 20.20　蓬皮杜国家艺术与文化中心（右）

6. 人情化与地域性的倾向

讲究人情化与地域性的倾向是指建筑呼应当地的自然环境、生活方式和审美习惯等的一种设计方向，在北欧比较活跃，代表人物有芬兰的阿尔托、瑞典的雅各布森、日本的丹下健三等，讲究传统材料与新结构、新材料的结合，重视人们的生活和心理感情。阿尔托是与格罗皮乌斯、赖特、柯布西耶、密斯齐名的第一代现代主义建筑大师，倡导人性化建筑，建筑造型上，他喜欢用曲线和波浪形；在空间布局上，他主张有层次和变化，引导人们逐步发现建筑的多样空间；建筑形体处理上，常常化整为零，强调人体尺度。珊纳特赛罗镇中心的主楼（图 20.21）是阿尔托的代表作，通过传统材料的运用与周围自然环境融为一体，巧妙利用地形，人们沿坡道向上逐步发现各个散落布置的建筑。丹下健三设计的日本的香川县厅舍（图 20.22）外立面栏板和悬挑梁头的处理方式，具有东方传统建筑的气息，获得很高的评价。

7. 个性与象征的倾向

追求个性与象征的倾向活跃于 20 世纪 50 年代末，是通过独特的建筑形象，表现强烈个性和象征意义。在建筑实践中表现为三种方向：一是运用几何形构图，如贝聿铭设计的华盛顿国家美

术馆东馆，巧妙地解决了建筑同城市、邻近建筑及周围环境的关系，将平面设计为两个三角形，形成了新颖的建筑造型；二是运用抽象的象征，代表建筑是柯布西耶设计的朗香教堂（图 20.4），教堂形态独特，由曲面墙体组合，墙面上设置大小、形状不同的窗洞，光线透过彩色玻璃照入室内，极具感染力；三是运用具体的象征，伍重设计的悉尼歌剧院（图 20.23），造型像白色的风帆，已成为悉尼市的标志。

图 20.21　珊纳特塞罗镇中心（左）

图 20.22　日本香川县厅舍（右）

图 20.23　悉尼歌剧院

二、现代主义之后的建筑思潮

20 世纪 60 年代后期，欧美一些发达国家建筑界兴起了一股批判现代建筑的思潮，被称为后现代主义（Post-Modernism），之后不断涌现各种思潮，世界建筑进入多元化发展期。

（一）后现代主义

后现代主义是指 20 世纪 60 年代后期开始，以美国建筑师文丘里为首的一批建筑师和理论家公开批判现代建筑派的理论与实践，后影响到世界各国。文丘里出版了《建筑的复杂性与矛盾性》《向拉斯韦加斯学习》两本理论著作，抨击现代建筑片面强调功能与技术，忽视了建筑所包含的矛盾性与复杂性，提出"少是厌烦"（Less is bore）的口号。他的代表性作品母亲住宅（图 20.24）立面断裂的山花，不对称的构图及内部空间等许多方面显得模棱两可，全面反映了他倡导的建筑思想。后现代建筑另一特征是对古典建筑元素的应用，建筑师格雷夫斯设计的波特兰市市政厅（图 20.25）立面将古典建筑拱心石、柱式进行转化，形成新的构图。

（二）新理性主义

20 世纪 60 年代后期，意大利兴起了新理性主义建筑思潮，代表人物是意大利建筑师、建筑理论家阿尔多·罗西，围绕着建筑的历史与传统问题展开"回归秩序"的建筑探索，罗西的类型学理论最有影响力。罗西认为不同种类的建筑物，都可以简约到最初形式和类型，1971 年罗西与合作伙伴设计的圣·卡塔多公墓（图 20.26）是对墓地原型空间的提炼与表达。瑞士建筑师马里奥·博塔是提契诺学派的主要建筑师，致力于研究意大利理性主义和欧洲现代主义，结合地域特征来表现建筑，作品圣·维塔莱河旁的住宅（图 20.27）通过一座钢桥建立建筑与环境的对话，以减法处理内部空间，体现着一种强烈的秩序感。

图 20.24　文丘里母亲住宅（左）

图 20.25　波特兰市市政厅（右）

（三）解构主义

　　20 世纪 80 年代后期，欧美建筑领域出现了一种具有先锋派特征的思潮被称为解构主义，产生的基础一是来自法国哲学家雅克·德里达的解构主义哲学，二是 20 世纪 20 年代俄国的先锋派构成主义。1988 年纽约现代艺术博物馆举办了"解构主义建筑"七人作品展，埃森曼、屈米、盖里、里伯斯金等建筑师参展，产生了巨大影响。参展作品共同特征是造型前卫，打破了均衡、稳定的秩序。建筑师屈米设计的拉维莱特公园，抛弃传统的构图法则，采用点、线、面三个体系叠合设计，为场所注入了活力。建筑师丹尼尔·里伯斯金代表作柏林犹太人博物馆（图 20.28）为"之"字形平面布局，建筑立面为多方向断裂的狭缝，隐含了犹太人悲惨的命运。美国建筑师弗兰克·盖里设计的作品常为不规则曲面形成的雕塑般造型，动感十足，如毕尔巴鄂古根海姆博物馆（图 20.29）由曲面块体组合而成，外墙覆盖石灰岩和钛金板，造型奇特，提升了城市形象。

图 20.26　圣·卡塔多公墓（左）

图 20.27　圣·维塔莱河旁的住宅（右）

图 20.28　柏林犹太人博物馆（左）

图 20.29　毕尔巴鄂古根海姆博物馆（右）

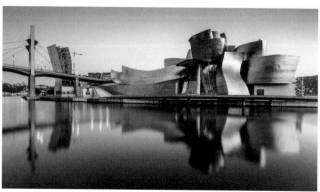

（四）新现代

新现代起源于 1969 年纽约现代艺术博物馆举办的埃森曼、格雷夫斯、迈耶、格瓦斯梅和海杜克等 5 位建筑师的部分作品，共同的特征是展现白色的简洁形体，相信现代建筑依然有生命力，是对现代主义建筑风格的继承和发展。新现代建筑师以迈耶为代表，建筑形式表达抽象，尺度、光影推敲细致，强调建筑生成的自主性与形式秩序感。迈耶设计的建筑自觉地建立了建筑与环境的有机联系，亚特兰大高等艺术博物馆（图 20.30）是迈耶风格成熟的代表作，复杂的形体组合形成了丰富的空间光影，取得了优雅的氛围。20 世纪 80 年代初，建筑师贝聿铭受邀设计的巴黎卢佛尔宫的扩建工程（图 20.31），将扩建的部分置于卢佛尔宫地下，玻璃金字塔作为入口，与周边古老建筑相映生辉，凸显细节和美感。

（五）简约设计倾向

20 世纪 90 年代以来，在欧洲的瑞士、西班牙、意大利、葡萄牙等国建筑界出现一股以发展现代建筑"简约"为特征的潮流，被称为"新简约""极少主义"或"极简主义"，去除多余元素，以简洁的形式来反映事物的本质。瑞士建筑师赫尔佐格和德·梅隆设计的伦敦泰特现代美术馆（图 20.32）是由一座旧发电厂改造而成，设计中最大限度地保留了旧建筑外形，仅在顶层加建透明的玻璃盒，内部设置中庭，营造交流的公共空间。瑞士建筑师彼得·卒姆托设计的布雷根兹美术馆（图 20.33）外表面由片状半透明玻璃层所覆盖，构造精巧，犹如透明的灯箱，从不同的角度呈现柔和、朦胧的美感。

图 20.30　亚特兰大高等艺术博物馆（左）

图 20.31　巴黎卢佛尔宫的扩建工程（右）

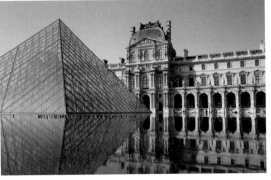

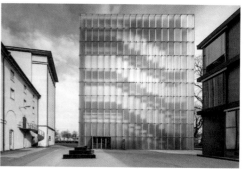

【评价现代主义建筑】

帕米欧疗养院是现代建筑大师阿尔托的典型作品，处处体现着人性化的设计细节。结合本讲所学的知识，查阅相关资料，分析帕米欧结核疗养院（图20.34）的设计特点及阿尔托的设计思想。

图 20.32　伦敦泰特现代美术馆（左）

图 20.33　布雷根兹美术馆（右）

图 20.34　帕米欧结核病疗养院

帕米欧结核疗养院的设计特点：

阿尔托的设计思想：

参考文献

[1] 潘谷西 . 中国建筑史：第 7 版 [M]. 北京：中国建筑工业出版社，2015.

[2] 刘敦桢 . 中国古代建筑史：第 2 版 [M]. 北京：中国建筑工业出版社，1984.

[3] 梁思成 . 中国建筑史 [M]. 天津：百花文艺出版社，2005.

[4] 李允鉌 . 华夏意匠 [M]. 天津：天津大学出版社，2014.

[5] 伊东忠太 . 中国建筑史 [M]. 北京：中国画报出版社，2018.

[6] 张驭寰 . 中国城池史 [M]. 北京：中国友谊出版公司，2022.

[7] 董鉴泓 . 中国城市建设史：第 3 版 [M]. 北京：中国建筑工业出版社，2004.

[8] 楼庆西 . 中国古建筑二十讲 [M]. 上海：生活·读书·新知三联书店，2001.

[9] 傅熹年 . 傅熹年建筑史论文选 [M]. 天津：百花文艺出版社，2009.

[10] 刘敦桢 . 苏州古典园林 [M]. 北京：中国建筑工业出版社，2005.

[11] 王其亨 . 古建筑测绘 [M]. 北京：中国建筑工业出版社，2007.

[12] 计成 . 园冶注释 [M]. 北京：中国建筑工业出版社，2010.

[13] 陈植 . 中国造园史 [M]. 北京：中国建筑工业出版社，2006.

[14] 马炳坚 . 中国古建筑木作营造技术：第 2 版 [M]. 北京：科学出版社，2003.

[15] 刘叙杰 . 中国古代建筑史·原始社会、夏、商、周、秦、汉建筑：第 1 卷 [M]. 北京：中国建筑工
      业出版社，2009.

[16] 傅熹年 . 中国古代建筑史·三国、两晋、南北朝、隋唐、五代建筑：第 2 卷 [M]. 北京：中国建筑工
      业出版社，2009.

[17] 郭黛姮 . 中国古代建筑史·宋、辽、金、西夏建筑：第 3 卷 [M]. 北京：中国建筑工业出版社，2009.

[18] 潘谷西 . 中国古代建筑史·元、明建筑：第 4 卷 [M]. 北京：中国建筑工业出版社，2009.

[19] 孙大章 . 中国古代建筑史·清代建筑：第 5 卷 [M]. 北京：中国建筑工业出版社，2009.

[20] 侯幼彬，李婉贞 . 中国古代建筑历史图说 [M]. 北京：中国建筑工业出版社，2019.

[21] 故宫博物院 . 八大作 [EB/OL]. https：//www.dpm.org.cn/auditions/masterpieces.html.

[22] 罗小未 . 外国近现代建筑史：第 2 版 [M]. 北京：中国建筑工业出版社，2004.

[23] 陈志华 . 外国古建筑二十讲 [M]. 北京：生活·读书·新知三联书店，2002.

[24] 郭学明 . 旅途上的建筑——漫步欧洲 [M]. 北京：机械工业出版社，2009.

[25] 罗小未，蔡琬英 . 外国建筑历史图说 [M]. 上海：同济大学出版社，2008.

[26] 陈平 . 外国建筑史：从远古至 19 世纪 [M]. 南京：东南大学出版社，2006.

[27] 陈志华 . 外国建筑史（19 世纪末叶以前）：第 4 版 [M]. 北京：中国建筑工业出版社，2019.

[28] 吴焕加 . 外国现代建筑二十讲 [M]. 北京：生活·读书·新知三联书店，2007.

[29] 刘先觉 . 现代建筑理论 [M]. 北京：中国建筑工业出版社，2008.

[30] 王爱之 . 世界现代建筑史：第 2 版 [M]. 北京：中国建筑工业出版社，2012.

后　记

　　本书由北京财贸职业学院资助出版，在此表示衷心感谢！同时感谢教务处龙洋处长、赵晓燕副处长、杜丽臻、袁二凯等老师给予的大力支持！

　　书中相关素材参考了相关建筑历史书籍，部分图片来源网络，版权归原作者，如有问题，请联系 328981076@qq.com。

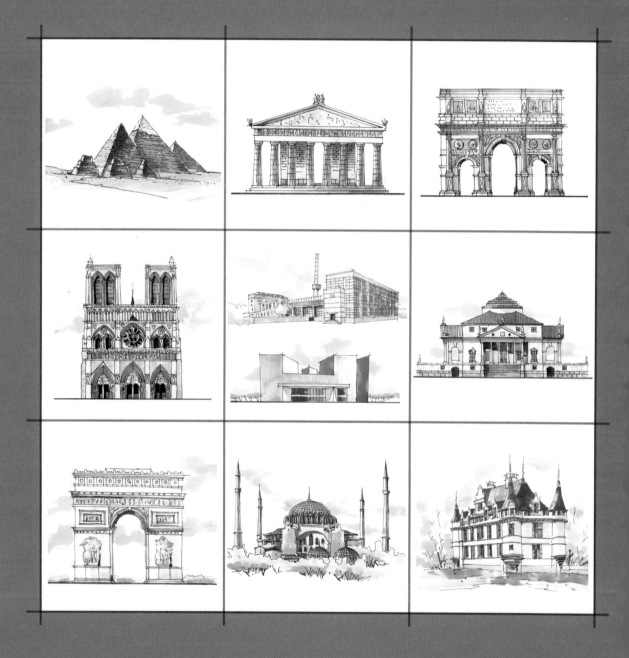